UNIMOG

IM EINSATZ

UNIMOG
1850
KEH EA 62

RALF MAILE

UNIMOG

IM EINSATZ

KOSMOS

Mit 222 Farbfotos, 49 Schwarzweißfotos und 1 Farbprospektfaksimile im Text. Die Fotos wurden von folgenden Firmen, Institutionen und Privatpersonen zur Verfügung gestellt (die Nummern in Klammern finden sich am Ende des jeweiligen Bildtextes wieder):

Firmen und Institutionen:

(01) DaimlerChrysler, Stuttgart/Auburn Hills; (02) Teledyne, Thornhill/Kanada; (03) Kalkwerk Hufgard, Hösbach-Rottenberg; (04) Zagro, Bad Rappenau-Grombach; (05) Zweiweg, Leichlingen; (06) Western Cooperation, Japan; (07) Ruthmann, Gescher-Hochmoor; (08) Binz, Lorch; (09) Deutsche Gesellschaft zur Rettung Schiffbrüchiger, Bremen; (10) Rotzler, Steinen; (11) Geo-Service, Hambrücken; (12) Action-Mobil, Saalfelden/Österreich; (13) Kuiken Hytrans, Lemmer/Holland; (14) Ziegler, Giengen; (15) Empl, Kaltenbach/Österreich.

Privatpersonen:

(21) Toon Versnick, Zottegem/Belgien; (22) Ralf Koch, Rüssingen; (23) Mike Willig, Hanau; (24) Ralf Maile, Waiblingen; (25) Joerg Laubner, Euskirchen; (26) Michael Hase, Nürnberg; (27) Herbert Fritz, Salzburg/Österreich; (28) Gerhard Portenkirchner, Salzburg/Österreich; (29) Harald Niemöller, Gifhorn; (30) Peter Seibert, Lanzingen; (31) H.J. Bielke; Gelnhausen; (32) Herbert Breuer, Reutlingen; (33) Jürgen Plate, Kiel; (34) Claude Chabeau, Belgien; (35) Reinhold Ott, München; (36) Jochen Vogler, Nürnberg; (37) Helmut Graf, Radolfzell; (38) Andreas Borgert, Ibbenbüren; (39) Thomas Batz, Karlsruhe; (40) Thomas Hörl, Salzburg/Österreich; (41) Martin Wessels, Stuttgart; (42) Carl-Heinz Vogler, Gaggenau; (43) Stefan Krafft, Leinfelden; (44) Hans-Jürgen Schöpfer, Kuppenheim; (45) Jochen Zimmermann, Backnang; (46) Egon Hartmann, Leonberg; (47) Klaus Fischer, Ottobrunn; (48) Peter Storz, Waldenbuch; (49) Oliver Porzel, Steinwiesen; (50) Stephan Bruckerhoff, Düsseldorf; (51) Thomas Ermels, Wuppertal; (52) Heinrich Ehrhorn, Meinersen; (53) Thorsten Streit, Ettlingen; (54) Ursula Kleiner, Stuttgart; (55) Peter Romano, Wila/Schweiz; (56) Karl-Johann Rellecke, Köln; (57) Willi Fischer, Pressig; (58) Thomas Lunte, Wien/Österreich; (59) Hans-Jürgen Stiehl, Frankfurt.

Umschlag gestaltet von Atelier Jürgen Reichert, Stuttgart.
Die Bilder zeigen von links oben nach rechts unten:
Unimog U2450L (Baureihe 437) Geschütztes Tanklöschfahrzeug der Feuerwehr in Yokohama, siehe hierzu auch Seite 138. (06)
Unimog U1450L (Baureihe 427) während einer Vorführung der möglichen Fahrzeugverschränkung auf dem Erprobungsgelände „Sauberg“ nahe Gaggenau. (24)
Unimog U2450L 6x6(Baureihe 437) mit Aufbau der Firma Unicat aus Hambrücken. (Fa.Unicat)
Unimog U2150L (Baureihe 437) der DGzRS beim Zuwasserbringen eines Boddenbotes in der Ostsee, siehe hierzu auch Seite 129 (09), sowie einen Unimog der Baureihe 406 beim Passieren einer sehr schwierigen Sektion während einer Truck-Trial-Veranstaltung, siehe hierzu auch Seite 63. (56)
Rückseite: Unimog U300 (Baureihe 405) mit Werner-F8-Stromerzeuger und Palfinger-Flector-Ladekran, siehe auch Seite 14. (24)

Zum Bild auf Seite 2:
Unimog U1850 (Baureihe 437) mit Palfinger-Ladekran, eingesetzt bei der Firma GEA, siehe auch Seite 122. (24)

Literatur- und Quellenhinweise:
Bücher:
Maile, Das Buch vom Unimog, Franckh-Kosmos Verlag 2000
Maile/Heeg, 40 Jahre Unimog (1. – 3. Auflage), Friedel-Fiedler Verlag 1988/1993/2000
Niehmeier/Döhmann, Das große Unimog-Buch, Heel Verlag 1992
Biemer, Der Unimog in der Feuerwehr, Band 1 und 2, Kortlepel-Verlag 1992 – 1993
Maile/Schupp, Unimog HO-Modelle, Friedel-Fiedler Verlag 1993
Neubauer/Wessel, Die Automobile der Benzstadt Gaggenau, Neubauer-Verlag 1986
Klingler/Wessel, Geschichten rund um den Unimog Band 1 und 2, Buch und Bild Verlag 1992 – 1997
Hofelich, Die Geschichte des Mercedes-Benz Unimog, BLV-Verlag 1988
Zeitschriften:
Unimog-Veteranen Club, „Journal" 1991 – 2000, insbesondere Scheidemann/Niemöller, Fünfzig Jahre Unimog-Entwicklung.
Unimog-Club Gaggenau, „Heftl" 1993 – 2000
Sonstiges:
DaimlerChrysler, Microfiche, Technische Handbücher, Prospekte, Datenblätter,
Presseinformationen 1951 – 2000

Rechte Seite:
52 Jahre liegen zwischen den beiden Fahrzeugen auf der rechten Seite, und noch immer ist die Idee des Unimog aktuell und in der Konzeption unschlagbar.
Oben einer der ersten Boehringer-U25 der Baureihe 70200 aus dem Jahr 1948 und unten das neueste Modell, ein U300 der Baureihe 405. (38/01)

KOSMOS Postfach 10 60 11
D-70049 Stuttgart
TELEFON +49 (0)711-2191-0
FAX +49 (0)711-2191-422
WEB www.kosmos.de
E-MAIL info@kosmos.de

Die Deutsche Bibliothek – CIP-Einheitsaufnahme

Ein Titelsatz für diese Publikation ist bei
Der Deutschen Bibliothek erhältlich

ISBN 3-440-08583-X
Printed in Czech Republic/Imprimé en République tchéque
Lektorat und Herstellung von Siegfried Fischer, Stuttgart
Satz und Repro: Typomedia, Ostfildern
Druck und Bindung: Těšínská Tiskárna AG, Český Tesín

Inhalt

Ein Wort vorab

Vor gut eineinhalb Jahren erschien „Das Buch vom Unimog" aus meiner Feder. Der große Erfolg und die vielen Zuschriften haben mich dazu bewogen, diesem Buch ein weiteres zur Seite zu stellen. Es trägt den Titel „Unimog im Einsatz" und zeigt die verschiedenen Unimog-Baureihen in Einsätzen rund um die Welt.
Ganz bewusst gibt es einige Unterschiede zum letzten Buch. Es wurde darauf verzichtet, die Entstehungsgeschichte und die Techniktabellen noch einmal abzudrucken, da sich hier keine Änderungen ergeben haben. Vielmehr wurde der dadurch gewonnene Platz für weitere Fotos genutzt. Gleiches gilt auch für die Wiedergabe alter Prospekte. Da am Markt inzwischen Bücher mit Unimog-Prospekten vorhanden sind, wurde in dieses Buch nur ein bisher unveröffentlichter Prospekt aufgenommen. Auch entsprechen einige der Fotos nicht der heute üblichen Qualität, da aber kein besseres Material vorlag, und es sich um einzigartige Fahrzeuge handelt, bitte ich dies zu entschuldigen.
Als Maßstab für die Gliederung wurden die Baureihen gewählt. Da die Nummernvergabe der einzelnen Baureihen nicht immer logisch aufgebaut ist, wurden einzelne Baureihen, die zur gleichen Fahrzeugfamilie gehören, oder aus bestehenden Baureihen weiterentwickelt wurden, zusammengefasst und in den zeitlichen Rahmen der Unimog-Geschichte eingefügt.
Das Buch beginnt mit den ersten Unimog aus dem Hause Boehringer und deren Nachfolger, über die leichten und mittleren Baureihen bis hin zu den schweren Baureihen. Eine besondere Stellung nimmt hierbei die neue Baureihe 405 ein, die im März 2000 vorgestellt wurde. Sie verkörpert eine ganz neue Unimog-Generation mit vielen technischen Innovationen. Daher wurde diese Baureihe, einschließlich der technischen Daten und Zeichnungen, vorangestellt.

Dieses Buch verdankt sein Entstehen der tatkräftigen Unterstützung vieler netter Menschen, die mir zur Seite standen. Besonders hervorheben möchte ich Karin Weidenbacher, Waltraud Maisch, Joachim Schaeper und Georg Staskiewicz.
Des weiteren gilt mein Dank auch Gundula Kernstock, Gerhard Portenkirchner, Joachim Katz, Martin Flammer, Wolfgang Koch, Dirk Biemer, Harald Niemöller, Uwe Heintzer sowie K. L. Baer und G. Hundt.
Schließlich noch den Bildautoren, die namentlich auf Seite 4 aufgeführt sind, den Archivmitarbeitern diverser Firmen sowie den Unimog-Fahrern und -Besitzern für das bereitwillige Rangieren während der Fotoarbeiten.
Selbstverständlich sind wieder sachliche Kritik und Anregungen willkommen. Ebenso würde ich mich über zugesandte Fotos und Unterlagen zum unerschöpflichen Thema Unimog sehr freuen. Doch nun viel Spaß bei der visuellen Entdeckungsreise in der Welt des Unimog.

Ralf Maile
Waiblingen im Juni 2001

Im September 1956 führte dieser U25 der Baureihe 401 den gezeigten Transport einer Schute durch. Der Eigentümer des Fahrzeuges war die Spedition Ludwig Weelborg in Leer/Ostfriesland. (42)

Unimog-Zeitschiene – Chronologischer Ablauf von 1945–2001

1945 Im Sommer erstellt eine Arbeitsgruppe erste Planungen und Studien.

1946 Im Januar wird der erste Unimog-Gesamtentwurf fertiggestellt. Am 9. Oktober findet die erste Probefahrt statt.

1947 Erste Erprobungen und Praxistests.

1948 Am 29. August wird auf der DLG in Frankfurt der Unimog zum ersten Mal der Öffentlichkeit vorgestellt.

1949 Im März liefert die Maschinenfabrik Boehringer das erste Serienfahrzeug aus, bis 1951 werden 600 Fahrzeuge gebaut.

1951 Im Mai übernimmt Daimler-Benz den Bereich Unimog von Boehringer.

1953 Der Unimog wird zusätzlich zum Ochsenkopf-Signet mit dem Mercedes-Stern versehen. Ab September ist das geschlossene Fahrerhaus (Typ 401) für die Baureihe 401/402 lieferbar.

1955 Im Mai verlässt der erste Unimog der Baureihe 404 das Montageband.

1956 Im August erscheint der Unimog der Baureihe 411 und ersetzt die Baureihe 401/ 402.

1958 Erprobung von Prototypen der Baureihe 405 (Unimog SH und T), weitere Fahrzeuge folgen 1962.

1961 Im Mai läuft der 50 000. Unimog vom Band.

1962 Im Juli wird die Baureihe 406 vorgestellt, erstes Fahrzeug ist der U65.

1963 Für Sonderfahrzeuge sind nun Triebköpfe auf Unimog-Basis verfügbar.

1965 Vorstellung der Baureihe 416, erstes Fahrzeug ist der U80.

1966 Im Januar Vorstellung der Baureihe 421, erstes Fahrzeug ist der U40. Im April Vorstellung der Baureihe 403, erstes Fahrzeug ist der U54.
Im Mai Auslieferung des 100 000. Unimog.

1968 Beginn der Lizenzfertigung in Argentinien mit der Baureihe 426.

1969 Im Januar Vorstellung der Baureihe 413, erstes Fahrzeug ist der U80. Die argentinische Lizenzfertigung wird um die Baureihe 431 erweitert.

1971 Im August läuft der 150 000. Unimog in Gaggenau vom Band.

1974 Vorstellung der Baureihe 425, erstes Fahrzeug ist der U1300.

1976 Vorstellung der Baureihe 424, erstes Fahrzeug ist der U1000.
Vorstellung der Baureihe 435, erstes Fahrzeug ist der U1300L.

1977 Der 200 000. Unimog wird produziert.

1984 Im September läuft der 250 000. Unimog vom Band.

1986 Beginn der Serienfertigung Baureihe 419 für die US-Armee.

1988 Das Unimog-Programm wird komplett überarbeitet, kurz nacheinander werden die Baureihen 407, 417, 427 und 437 vorgestellt.

1992 Ab dem 9. Mai sind die neuen Baureihen 408 (U90) und 418 (U110, U140) auf der IAA in Hannover ausgestellt.

1993 Im Juli Vorstellung des Schwerlastgeräteträgers U2400TG der Baureihe 437.
Die ersten dreiachsigen Unimog 6x6 werden erprobt.

1994 Am 15. März wird der U90 Funmog (Baureihe 408) zum Geländewagen des Jahres gewählt.
Im Juli verlässt der 300 000. Unimog das Montageband.

1996 Ab dem 7. Mai wird auf der IFAT in München der kompakte Geräteträger UX100 (Baureihe 409) vorgestellt.

2000 Am 13. März Vorstellung der neuen Baureihe 405 mit den Typen U300 und U400.
Am 21. September Komplettierung der Baureihe 405 mit dem U500 während der IAA in Frankfurt/M.

2001 Im Juni „50 Jahre Unimog-Bau in Gaggenau“ mit großer Festveranstaltung.

Baureihen und Verkaufsbeziechnungsübersicht

Baureihe	Hersteller	Umfasst folgende Fahrzeuge entsprechend Verkaufsbezeichnung
70200	Boehringer	Unimog, U25
2010	Mercedes-Benz	Unimog, U25
401	Mercedes-Benz	Unimog, U25
402	Mercedes-Benz	Unimog, U25
403	Mercedes-Benz	U54/403,U66/403,U72/403,U800
404	Mercedes-Benz	Unimog S, U404.1, U404.0, U60/404, U80/404, U82/404, U91/404, U110/404, UL820B, UL1100B
405	Mercedes-Benz	Unimog SH, Unimog T
405 ab 2000	Mercedes-Benz	U300, U400, U500
406	Mercedes-Benz	U65/406, U70/406, U80/406, U84/406, U100/406, U65T, U70T, U80T, U900
407	Mercedes-Benz	U600, U650, U650L
408	Mercedes-Benz	U90, U90 turbo, U100L, U100L turbo
409	Mercedes-Benz	UX100M, UX100H
411	Mercedes-Benz	U25/411, U30/411, U32/411, U34/411
413	Mercedes-Benz	U72/413, U80/413, U800L
416	Mercedes-Benz	U80/416, U90/416, U100/416, U110/416, U125/416, U1100, U1100L, U1100T, U80T, U90T, U100T, U110T
417	Mercedes-Benz	U800, U900, U1100T, U1150, U1150L
418	Mercedes-Benz	U110, U130, U140, U140L, U140T
419	Mercedes-Benz	Freightliner Military Tractor
421	Mercedes-Benz	U40/421, U45/421, U52/421, U60/421, U40T, U45T, U55T, U60T, U600, U600L, U600T
424	Mercedes-Benz	U1000, U1000T, U1200, U1200T, U1250, U1250L, U1550, U1550L
425	Mercedes-Benz	U125/425, U150/425, U1300, U1500, U1500T
426	Mercedes-Benz	Lizenzfertigung Argentinien – Basis U416
427	Mercedes-Benz	U1000, U1200, U1200T, U1250, U1250L, U1400, U1450, U1450L, U1600, U1650, U1650L
431	Mercedes-Benz	Lizenzfertigung Argentinien – Basis U421
435	Mercedes-Benz	U1300L, U1700, U1700L
436	Mercedes-Benz	Lizenzfertigung Türkei – Basis U435, U437
437	Mercedes-Benz	U1350L, U1550L, U1700, U1700T, U1750, U1750L, U1800, U1800T, U1850, U2100, U2100T, U2150, U2150L, U2400, U2400TG, U2450, U2450L, U2450L 6×6

Als der erste Unimog gefertigt war, stellte sich die Frage des Schriftzuges und des Emblems. Die Übersicht zeigt, welche Motive hierbei in die engere Wahl kamen. Schließlich wurden die mit einem (x) gekennzeichneten Entwürfe ausgewählt. Das Emblem stellt einen stilisierten Ochsenkopf dar, ein Symbol für Zugkraft. (01)

Die neue Unimog-Generation – Die Baureihe 405

Im März 2000 wurde eine komplett neue Unimog-Generation vorgestellt – die Baureihe 405.
Mit der Vergabe dieser Nummer kam es erstmalig im Unimog-Programm zu einer Doppelbelegung. Von 1958 – 60 gab es bereits eine Baureihe 405. Diese basierte auf der Baureihe 404, war allerdings mit einem Heckmotor ausgerüstet. Es entstanden im Bauzeitraum insgesamt nur 15 Versuchsmuster, diese Fahrzeuge erhielten die Bezeichnungen Unimog SH und Unimog T.
Die neue Baureihe umfasst derzeit die Typen U300, U400 und U500, die in vier verschiedenen Radständen angeboten werden (siehe Techniktabelle). Sie ist als leistungsstarker Geräteträger und als Zugmaschine konzipiert. Besonderer Wert wurde hierbei auf den Bedienerkomfort und die universelle Einsatzmöglichkeit gelegt. Aufgrund der Erfahrungen der Anwender und der weltweit immer besseren Infrastruktur konnten leichte Abstriche an der Geländegängigkeit gemacht werden, allerdings ist diese für einen Geräteträger noch immer einzigartig. Die neue Baureihe wird die alten zum größten Teil ablösen. Einige Baumuster werden allerdings einige Zeit weiter in der Fertigung bleiben, für Anwender, die auf Geländegängigkeit höchsten Wert legen. Es ist aber kein Geheimnis, dass auch für diese Fahrzeuge an zeitgemäßen Nachfolgern gearbeitet wird.

Zur Technik des neuen Unimog

Als erstes fällt das große Fahrerhaus auf, das aus Faserverbund-Werkstoff (FVK) besteht und dank der großflächigen Fenster beste Sichtverhältnisse, auch auf die Anbaugeräte, bietet. Eine Klimaanlage gehört bereits zum Serienumfang. Eine besondere technische Innovation ist die Vario-Pilot-Lenkung. Sie ermöglicht, dass das Lenkrad einschließlich Pedalen und Armaturenbrett innerhalb kürzester Zeit nach rechts versetzt werden kann. Dies ist insbesondere bei Arbeiten am rechten Fahrbahnrand wie beim Mähen von Vorteil. Für den Vortrieb sorgen moderne Vier- und Sechs-Zylindermotoren nach Euro 3-Norm mit Leistungen von 150 – 280 PS. Vom Lkw übernommen ist die Telligent-Schaltung, die im Unimog bis zu 24 Gangstufen bietet. Permanenter Allradantrieb, ABS und Differenzialsperren in beiden Achsen ergeben hohe Zugkräfte, Sicherheit und gute Geländegängigkeit unter allen Bedingungen. Neuzeitlich auch die Antriebstechnik für die Geräte.
Es stehen sowohl eine vierzellige Leistungshydraulik als auch eine Zapfwelle für den Geräteantrieb zur Verfügung. Die Leistungshydraulik wird über einen Joystick bedient, der auch außerhalb des Fahrerhauses mitgenommen werden kann. Sie ermöglicht aufgrund ihres Leistungsvermögens zum Beispiel den Betrieb einer Aufbaukehrmaschine,

U400 der Baureihe 405. Dominant das neue Fahrerhaus für beste Sichtverhältnisse. (01)

Selbstverständlich wird die neue Baureihe in vielen anderen Ländern vorgestellt, so auch in Österreich. Das Foto zeigt einen U400 der Baureihe 405, der mit der österreichischen Flagge verziert ist. (28).

ohne dass diese einen separaten Motor benötigt. An der Zapfwelle sind Leistungen bis zu 150 kW abnehmbar. Unimog-typisch sind die vier Geräteanbauräume, die das Fahrzeug bietet. Aufgrund des geraden Rahmens können Aufbaugeräte nun wahlweise fest, auf der Pritsche oder den Kugelpunkten des Pritschenzwischenrahmens montiert werden. Fast alle bekannten Hersteller bieten schon Anbaugeräte an, die das Leistungspotenzial der neuen Unimog nützen, selbstverständlich können auch vorhandene Geräte weiter betrieben werden. Das zulässige Gesamtgewicht der neuen Baureihe reicht von 7500 kg beim U300 bis 15500 kg beim U500. Mit einem Nutzlastanteil von 4500 – 9000 kg sind auch schwere Gerätekombinationen möglich.

Erstmalig wird der Unimog nun auch direkt in den USA vertrieben. Die Tochterfirmen Freightliner und American La-France bieten ab Frühjahr 2001 den U400 in Nordamerika und Kanada an.

Schon im Vorstellungsjahr 2000 entstanden fast 600 Fahrzeuge der neuen Generation, die den Unimog ins neue Jahrtausend führt und beweist, dass die Unimog-Idee auch nach über 50 Jahren nichts von ihrer Aktualität eingebüßt hat.

U300 der Baureihe 405, aufgenommen bei der Firma Kloz in Fellbach. Im Gegensatz zu den beiden schwereren Baumustern verfügt der U300 über Sechsloch-Felgen, während der U400 und U500 andere Radnaben mit Zehnloch-Felgen besitzen. Dies ist neben der Typbezeichnung auf den Türen auf den ersten Blick das einzige optische Unterscheidungsmerkmal. (24)

Natürlich führt die neue Unimog-Baureihe 405 die Traditionsaufgabe Winterdienst nahtlos fort. Alle bekannten Gerätehersteller bieten Winterdienstausrüstungen für die neue Generation an.
Das obere Bild zeigt einen U300 (Baureihe 405) mit einem KL-V 32 Variokeilpflug der Firma Schmidt. Dieser kann in keil-, u-förmiger und einseitiger Stellung räumen. Besonders in engen Stadtbereichen ist damit eine genaue Anpassung an die Verkehrs- und Witterungsverhältnisse möglich. Je nach Stellung beträgt die Räumbreite 2335 – 2400 mm, die Pflughöhe ist 1100 mm. Auf der Pritsche ist ein Silostreugerät vom Typ Mitos aufgebaut. Dieses wird über die Fahrzeughydraulik angetrieben. Je nach Ausführung beträgt das Behältervolumen 1,7 oder 2,5 m³. Ein Feuchtsalztank für 820 Liter Inhalt ist optional lieferbar. (01)

Ebenfalls ein Streugerät aus der Mitos-Baureihe trägt dieser U500 der Baureihe 405. Als Frontanbaugerät ist eine Schmidt-Schneefräse der Baureihe VF angebaut. Die Räumbreite beträgt je nach Typ 2400 oder 2600 mm. Der Antrieb der Schneefräse erfolgt durch die vordere Zapfwelle des Unimog, an ihr können Leistungen bis 150 kW abgenommen werden. Das Foto entstand während einer Winterdienstvorführung im Februar 2001 im Schwarzwald, zum Zeitpunkt der Aufnahme waren an beiden Achsen Gleitschutzketten aufgezogen. (24)

Oben: Ebenfalls ein gewohntes Bild an den Straßen dieser Welt ist der Unimog als Mähfahrzeug. Dieser U300 der Baureihe 405 ist mit einem Mulag-Schmidt-Böschungsmähwerk vom Typ MHU 800 ausgerüstet. Diverse Mähköpfe und Werkzeuge erlauben den speziellen Zuschnitt auf den Arbeitseinsatz. Bedient wird das Mähwerk vom Beifahrer, optional ist auch eine spezielle Mähwerkstüre erhältlich, die dem Bediener beste Sichtverhältnisse bietet. Zusätzlich ist als Frontanbaugerät ein Randstreifenmähwerk montiert. (01)

Dieser U300 (Baureihe 405) wurde während Flächenreinigungsarbeiten auf einem Feldweg fotografiert. Frontseitig ist ein Leistikow-ABG-201-Universal-Hochdruckreinigungsgerät angebaut. Das Gerät ist als Schnellwechseleinheit konzipiert und ist mit mehreren Ausstattungen, wie zum Beispiel den gezeigten Sprühbalken, kombinierbar. Die Pumpenleistung beträgt zwischen 37 und 318 Liter Wasser in der Minute bei Drücken von 60 bis 400 bar. Auf der Pritsche wird ein 2500 Liter Wasser fassender GFK-Tank mitgeführt. Dieser ruht auf einem eigenen Systemrahmen und ist rasch ab- und aufgebaut. Neben der Flächenreinigung eignet sich dieses Fahrzeug insbesondere für Wartungs- und Reparaturarbeiten in Rohr- und Kanalnetzen. (01)

Bei einem Stromversorgungsunternehmen in Helsinki/Finnland ist dieser U300 (Baureihe 405) mit langem Radstand im Einsatz. Zum Zeitpunkt der Aufnahme wurde das Fahrzeug zum Mastenstellen eingesetzt. Hierzu wird mit dem Heckbagger (HI-TEC 230EL) ein entsprechendes Aufnahmeloch ausgehoben. Mittels des Palfinger-Ladekrans vom Typ PK 7501 wird der Mast dann gestellt. Gut zu erkennen ist die Pritsche mit den Mastaufnahmeprofilen und verschiedenen Anschlagmitteln an der Stirnwand. Zusätzlich verfügt das Fahrzeug noch über eine Frontseilwinde. (01)

Analog zu den bisherigen Baureihen ist der Krananbau bei der Baureihe 405 entweder mittig hinter dem Fahrerhaus oder als Heckanbau möglich. Dieser U300 mit kurzem Radstand verfügt über einen Palfinger-Kran vom Typ PK 7000. Dieser bringt ein maximales Hubmoment von 6,8 mt bei vier Meter Ausladung. Eine Vierfachabstützung sorgt für einen sicheren Stand während des Kranbetriebs. (01)

Ebenfalls einen kurzen U300 der Baureihe 405 zeigt diese Aufnahme. Als Frontanbaugerät ist ein Werner-Drehstromerzeuger F8 montiert. Dieser wird über die Hydraulik des Unimog angetrieben und erbringt eine Leistung von 8 kVA. Heckseitig ist ein Palfinger-PK-7000-Flector Ladekran angebaut. Dieser wird während der Fahrt nach vorne geneigt, was die Hinterachslast und die Durchfahrtshöhe verringert. Das Gerät ist schnellwechselbar, zudem bleibt die gesamte Pritschenlänge erhalten. So kann nach Abbau des Krans die volle Transportkapazität des Unimog ausgenutzt werden. Gut zu erkennen ist der mitgeführte Zweischalengreifer für den Baggerbetrieb, der in Transportstellung am Kran verbleibt. (24)

Dieser U300 (Baureihe 405) mit langem Radstand ist mit einem Hiab-035-Heckladekran ausgerüstet. Dieser Kran erreicht ein maximales Hubmoment von 3,8 mt. Zwischen den Achsen ist die ASF-500-Asphaltfräse der Firma Söder eingebaut. Diese dient zum Abfräsen des Belages bei Instandsetzungsarbeiten. Die Arbeitsbreite beträgt 500 mm. Je nach Arbeitstiefe und Härte des Materials beträgt die Vorschubgeschwindigkeit 120 bis 650 Meter in der Stunde. Die Kühlung der Fräsmeißel erfolgt durch Wasser, das in einem GFK-Tank auf der Pritsche mitgeführt wird. (24)

Selbstverständlich wird die neue Unimog-Baureihe 405 auch wieder als Zweiwegefahrzeug angeboten. Bei den Typen U300/400 sind Anhängelasten bis zu 1000 Tonnen zulässig. Und wie gewohnt ist das Zweiwegefahrzeug nach dem Abgleisen ein vollwertiger Unimog, der zu anderen Arbeitseinsätzen herangezogen werden kann.

Das obere Bild zeigt einen U400 (Baureihe 405) mit einer Zweiwegeeinrichtung der Firma Zweiweg. Hinter dem Fahrerhaus ist ein hydraulischer Ladekran montiert. Das Fahrzeug verfügt über kleine Rollenspurhalter, wie sie bei engen Gleisradien zum Einsatz kommen. (01)

Dieser U300 der Baureihe 405 wurde von der Firma Zagro als Zweiwegefahrzeug ausgerüstet. Hierbei kamen die großen Rollenspurhalter zur Verwendung. Frontseitig ist ein Dücker-UNA-Mähwerk angebaut. Eingesetzt werden solche Fahrzeuge zum Freischneiden des Lichtraumprofiles und Mähen entlang des Oberbaus. (24)

U300

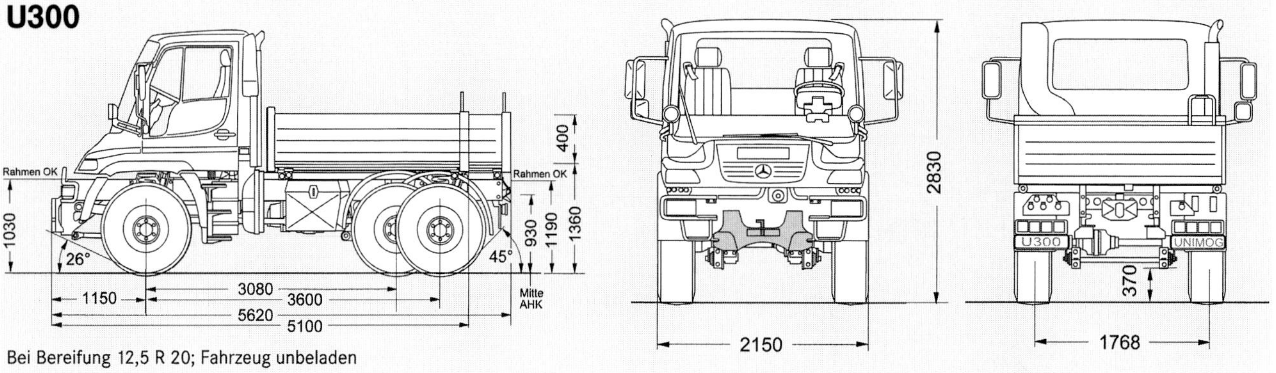

Bei Bereifung 12,5 R 20; Fahrzeug unbeladen

U400

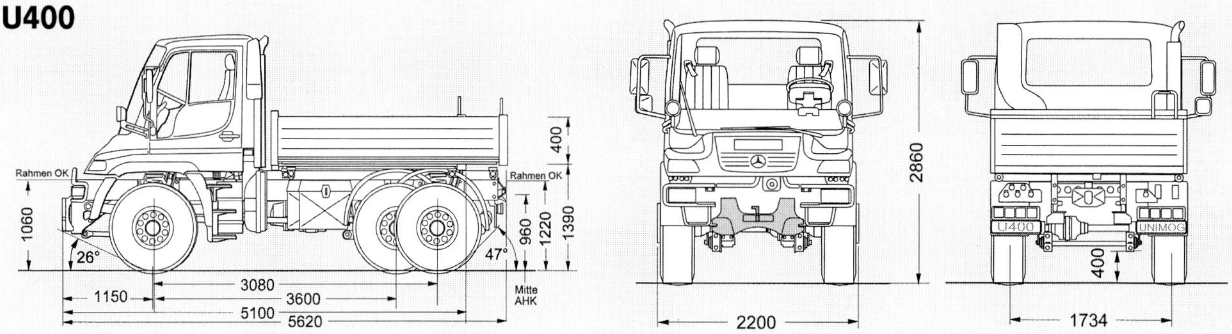

Bei Bereifung 305/70 R 22,5; Fahrzeug unbeladen

U500

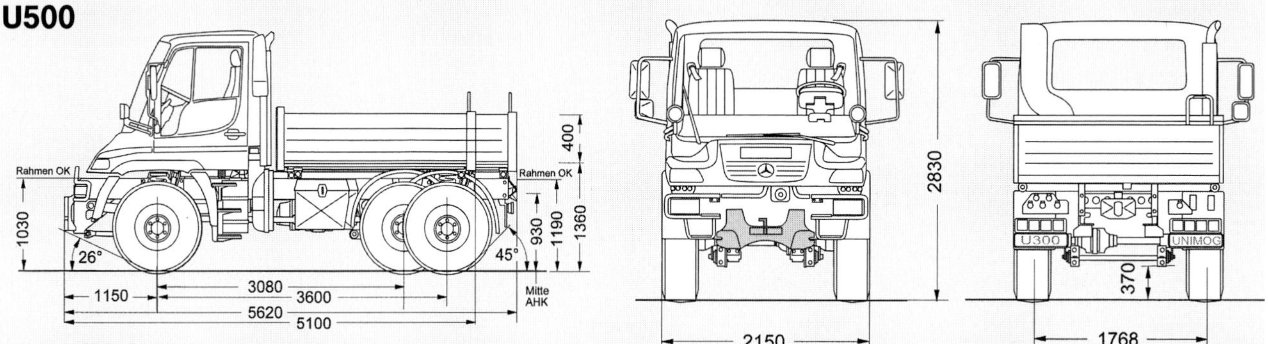

Bei Bereifung 12,5 R 20; Fahrzeug unbeladen

Technische Daten – Unimog							
Verkaufsbezeichnung **Gültig für BM:**	**U300** **405.100**	**U300** **405.120**	**U400** **405.102**	**U400** **405.122**	**U500** **405.200**	**U500** **405.220**	
Motortyp:	OM 904 LA	OM 904 LA	OM 904 LA	OM 904 LA	OM 906 LA	OM 906 LA	
Zylinder:	4	4	4	4	6	6	
Leistung (PS/kW):	130/110–177/130		170/130–230/170		230/170–280/205		wahlweise
Hubraum (ccm):	4249	4249	4249	4249	6370	6370	
Länge (mm):	5100	5620	5100	5620	5384	6120	
Breite (mm):	2150	2150	2200	2200	2300	2300	
Höhe (mm):	2830	2830	2860	2860	2970	2970	
Radstand (mm):	3080	3600	3080	3600	3350	3900	
Leergewicht (kg):	5930	6130	6390	6610	7350	7700	
zul. Gesamtgewicht (t):	7,5–10,2	7,5–10,2	11,9–12,5	11,9–12,5	14,0–16,0	14,0–16,0	
Wendekreis (m):	13,7	15,4	14	15,7	15,1	16,9	
Steigfähigkeit (%):	100	100	100	100	100	100	

Fahrgestellbaumuster 405 ab 2000					
Baumuster	Verkaufsbezeichnung	Radstand	Baumuster	Verkaufsbezeichnung	Radstand
405.100	U300	3080 mm	405.122	U400	3600 mm
405.102	U400	3080 mm	405.200	U500	3350 mm
405.120	U300	3600 mm	405.220	U500	3900 mm

Rechts: Einen der ersten sechs Prototypen, die bei Erhard & Söhne in Schwäbisch Gmünd entstanden, zeigt dieses Foto. Deutlich erkennbar ist die Hutze auf der Motorhaube, die von der Wasserpumpe des damals noch eingebauten Otto-Motors herrührte. Das Foto entstand während Erprobungen im landwirtschaftlichen Einsatz. Am Heck ist ein zweischariger Wechselpflug angebaut. In Transportstellung quer unter der Frontscheibe ist ein Mähwerk abgelegt, das ebenfalls noch bei Erhard & Söhne entstand. Zu einer Serienfertigung dieses Anbaugerätes kam es später nicht. (29)

Die Baureihe 70200 und die Nachfolger

Mit Beginn der Serienfertigung von März 1949 bis zum März 1951 entstanden in der Maschinenfabrik Boehringer in Göppingen 600 Fahrzeuge der Baureihe 70200. Mit der Übernahme des Unimog-Bereiches durch die Daimler-Benz AG änderte sich die Baureihenbezeichnung des Unimog in 2010. Ab Mai 1951 bis 1953 entstanden insgesamt 4804 Fahrzeuge.
Die nächste Umbenennung stand 1953 ins Haus. Es wurde das Nummernschema 400 eingeführt, das bis heute Gültigkeit für alle Unimog-Baureihen besitzt. Gleichzeitig erlaubte die erweiterte Baumusterbezeichnung eine genauere Zuordnung. Der kurze Radstand erhielt die Baureihenbezeichnung 401, der lange wurde zur 402. Bis zur Ablösung durch die Baureihe 411 entstanden bis August 1956 von der Baureihe 401 10928 Fahrzeuge in fünf Baumustern. Die Baureihe 402 brachte es in ebenfalls fünf Baumustern auf 518 Fahrzeuge.
Die Baureihe 411, die ab August 1956 bis 1974 in Produktion war, erreichte eine Stückzahl von 39851 Einheiten, verteilt auf 11 Baumuster.

Die Verkaufsbezeichnungen lauteten:

Baureihe 70200/2010:

Unimog, U25	(70200 a,b,c ... Ausstattungsvarianten)
	(2010 1-8, M Ausstattungsvarianten)

Baureihe 401:

Unimog, U25	(BM 401.101, 401.102, 401.103, 401.104, 401.105)

Baureihe 402:

Unimog, U25	(BM 402.101, 402.102, 402.103, 402.104, 402.105)

Baureihe 411:

U25	(BM 411.116)
U30	(BM 411.111, 411.113)
U32	(BM 411.110, 411.112, 411.117)
U34	(BM 411.118, 411.119, 411.120)
U36	(BM 411.114)
U?	(BM 411.115) (Verkaufsbezeichnung unbekannt)

Unten: Viele Jahre später wurde dieses Foto eines U32 der Baureihe 411 während einer Vorführung auf dem Erprobungsgelände „Sauberg" in der Nähe von Gaggenau aufgenommen. Das Fahrzeug ist an allen Rädern mit Gleitschutzketten versehen und zieht einen einachsigen Anhänger des Herstellers Müller-Mitteltal. Obwohl im Lauf der Bauzeit fast jedes Einzelteil geändert wurde, behielten die Baureihen 70200, 2010, 401, 402 und 411 bis zur Produktionseinstellung doch das typische Äußere des Ur-Unimog in unverwechselbarer Weise bei. (01)

Um neue Kundenkreise außerhalb der Landwirtschaft zu erschließen, war es notwendig, den Unimog U25 auch mit einem geschlossenen Fahrerhaus anzubieten. Bevor es zur Serienfertigung kam, wurden einige Prototypen angefertigt. Einen davon zeigt dieses Foto. Recht auffällig ist der große halbkreisförmige Kühlergrill und das Ochsenkopf-Signet sowie die ovalen Scheinwerfer. (01)

Ganz ersetzen kann dieser U25 (Baureihe 2010) die Pferde der südamerikanischen Gauchos nicht, aber auf den schmalen und größtenteils unbefestigten Andenpässen ist er das ideale Transportmittel. (01)

Bedingt durch die kleinen Fahrzeugabmessungen und niedrige Höhe bietet sich der Unimog auch als Spritzfahrzeug an. So wie dieser U34 (Baureihe 411) beim Spritzen auf einer Obstbaumwiese. Ein aufgebautes Kunststoff-Fass enthält die Flüssigkeit, über eine kleine Pumpe wird diese dann manuell ausgebracht. Hierfür ist heckseitig eine Standplattform angebracht. Interessant die Ausstattung mit Arbeitsscheinwerfern, obwohl keine Frontanbauplatte montiert ist, sowie der hochgezogene Luftansaugstutzen. (01)

Nun schon seit Jahrzehnten ein Helfer im Weinbau – der Unimog. Ob als Transportmittel, Arbeitsmaschine mit Anbaugeräten oder auch wie hier bei der Lese, es bieten sich unzählige Einsatzmöglichkeiten. Dieser U25 (Baureihe 401) ist mit einem Holzfass ausgerüstet, in das die Trauben direkt geschüttet werden. Markant die kleine Aufstiegsleiter, die an der Pritschenbordwand eingehängt ist und sich an der Hinterachsfelge abstützt. Das Fahrzeug trägt hier noch das alte schwarze Besatzungskennzeichen, ist aber bereits mit Blinkern nachgerüstet. (01)

Oben: Fast so alt wie der Unimog ist seine Nutzung in der Forstwirtschaft. Rund um den Globus sind alle Baureihen in diesem Metier zu finden.
Dieser U25 (Baureihe 2010) ist in Schwedens Wäldern unterwegs. Aufgesattelt ist ein einachsiger Nachläufer für den Kurzholztransport. Die seitlich angebrachten kleinen Räder sollen ein Aufsetzen des Fahrzeuges verhindern. Interessant auch die Seilführung von der vorderen Seilwinde zum Ladekran. (01)

Unten: Manchmal, wenn auch selten, kommt auch ein Unimog nicht mehr voran, für diesen Fall verfügen viele Forstfahrzeuge über eine vordere Seilwinde, die auch zu Selbstbergungszwecken benutzt werden kann. Diese an einem U25 (Baureihe 401) gezeigte, ist allerdings recht voluminös. Auch sonst fallen an diesem Bild einige Details auf, so die Doppelkabine, die ab Werk nicht erhältlich war, der Dachgepäckträger und der kleine Arbeitsscheinwerfer. Analog zum oberen Bild sind auch hier die Fahrerhaustüren ausgehängt. Zum einen schützt das vor Beschädigungen, und unter beengten Platzverhältnissen erleichtert es das Aus- und Einsteigen. (01)

Noch immer im täglichen Gebrauch ist dieses belgische Forstfahrzeug. Als Basis dient ein U34 der Baureihe 411. Fast alle Anbauteile wie Scheibe, Türen und Kotflügel sind entfernt. Was auf den ersten Blick wie ein Tank aussieht, ist ein Stauraum für Werkzeuge und Zubehör, daran anschließend ist eine kleine Seilwinde aufgebaut.
Daneben fallen weitere Details auf, so der nach außen verlegte Luftfilter, die Sitze aus einem Pkw sowie die unterschiedlichen Reifenprofile an Vorder- und Hinterachse. (24)

Schon bald nach Produktionsbeginn erkannten auch die Kommunen die ungezählten Einsatzmöglichkeiten des Unimog. Noch heute geht ein Großteil der Produktion an Kommunen in der ganzen Welt.
Dieser U25 (Baureihe 2010) war als Straßensprengwagen unterwegs. Hierzu wurde ein einachsiger Tankauflieger des Stuttgarter Herstellers Haller aufgesattelt. Damals noch üblich war der Bedienerplatz im Freien. Wohl um den Aufstieg dahin etwas sicherer zu machen, ist an der Hinterachsfelge ein Trittkranz montiert, wie er sonst nur an der Vorderachse montiert war. (01)

In fast allen großen Seebädern obliegt die Strandreinigung dem Unimog. So auch in diesem Strand an der Küste Belgiens, wo ein U34 (Baureihe 411) mittels eines Siebrechens den Grobschmutz entfernt. Um ein Einsinken zu verhindern, ist das Fahrzeug mit großvolumigen Sandreifen ausgestattet. Da auf der Motorhaube ein Schild mit 16 km/h prangt, ist anzunehmen, dass die oberen Gänge gesperrt wurden, zumal es bei dieser Arbeit auch nicht auf eine hohe Geschwindigkeit ankommt. (21)

Nur zu ahnen ist hier der U25 aus der Baureihe 411. Ausgerüstet mit einer Schneefräse arbeitet sich der Unimog zum Gipfel eines Dolomitenpasses vor.
Als Antriebsmotor für die Schneefräse dient ein Sechszylinder-Lkw-Motor, je nach Leistung sind bis zu 1300 Tonnen Schnee pro Stunde als Räumleistung möglich. Die seitliche Wurfweite beträgt bis zu 22 Meter. Je nach Schneelage ist ein mehrfaches Räumen nötig, um wieder auf das Pass-Straßenniveau zu gelangen. (01)

Wer heute die vollmechanisierten Mähkolonnen auf den Straßen sieht, vergisst leicht, dass dies bis vor nicht allzu langer Zeit noch Handarbeit war.
Doch schon kurz nach Einführung des Unimog wurden auch die dazu passenden Mähwerke angeboten. Eine der ersten Mähwerkkombinationen zeigt dieses Foto. Ein U25 (Baureihe 401) mit einem Böschungsmähwerk M2 der Firma Klaus. Der Bediener saß zur damaligen Zeit noch ungeschützt im Freien. Frontseitig trägt der Unimog eine Schmidt-Geräteanbauplatte, ein interessantes Detail ist die groß dimensionierte Rundumleuchte. (01)

Oben: Ebenfalls aus dem Hause Klaus stammte dieses Anbaugerät. Der Klaus-Lader HK 1 war ein Universalgerät. Je nach Einsatz konnten am Grundgerät verschiedene Löffel und Greifer, eine Leiter oder die abgebildete Arbeitsbühne montiert werden.
Der HK 1 war als Schnellwechsler konzipiert, innerhalb von etwa 20 Minuten war er abgebaut, so dass die Pritsche wieder für Transportzwecke genutzt werden konnte.
Die auf dem Foto gezeigte Arbeitsbühne hatte eine Nutzlast von 200 kg und eine maximale Arbeitshöhe von 7 Meter. Gut zu erkennen ist die hydraulische Abstützung mit integrierter Federwegblockierung der Hinterachse. Das Basisfahrzeug ist ein Unimog der Baureihe 411. (01)

Unten: Einer der leistungsstärksten Krane auf Unimog war seinerzeit der Donges-Aufsattelkran (siehe auch Seite 33). Hier ist er auf einem U30 (Baureihe 411) des Wasserwirtschaftsamtes Traunstein aufgesattelt. Da die Unimog-Hinterachse und die Aufliegerachse zwillingsbereift sind, ergibt sich eine deutlich breitere Fahrzeugkontur, was schon an den vorderen Peilstangen ersichtlich ist. Frontseitig ist eine Geräteanbauplatte montiert. (01)

Im Jahr 2000 noch immer im Betrieb ist dieser Unimog der Baureihe 411. Er dient als „Hofhund" bei einem Kunststoff verarbeitenden Betrieb im Ostalbkreis. Vermutlich ist dem Eigentümer auch die Art des Fahrerhauses zu verdanken. Das Oberteil besteht einschließlich der Türen aus klarem Kunststoff. Die Rundumsicht dürfte damit optimal sein. Zum Zeitpunkt der Aufnahme war das Fahrzeug für den Winterdienst mit einem Schneepflug ausgerüstet. (24)

Ebenfalls noch im Einsatz ist dieser U36T (Baureihe 411) mit einem Kehrmaschinenaufbau der Firma Schörling aus Hannover. Durch den angehobenen Aufbau lassen sich sehr gut die Details der Kehreinrichtung erkennen. (24)

Als Bautruppwagen recht beliebt war die Baureihe 401. Auch viele Bahngesellschaften setzten den Unimog hierfür ein. Seine Geländegängigkeit ermöglichte auch das Erreichen abgelegener Streckenabschnitte, zur Not konnte auch auf dem Oberbau verfahren werden. Dieser U25 der Deutschen Bundesbahn trägt auf der vorderen Stoßstange einen zapfwellengetriebenen Eisemann-5-kVA-Stromerzeuger. Auffällig die relativ großen Rückspiegel, die ebenfalls auf der Stoßstange befestigt sind. (01)

In größeren Stückzahlen setzte die Deutsche Bundespost ab Anfang der sechziger Jahre Hubwagen mit Unimog-Triebköpfen ein. Diese wurden von den Firmen Wumag, Eylert und Ruthmann gefertigt. Der besondere Vorteil war das mögliche Anheben des Aufbaus von Bodenniveau bis 1500 mm Höhe, was insbesondere bei wechselnden Laderampen wichtig war. Die Nutzlast des abgebildeten Eylert-Aufbaus betrug 2500 kg. Mit 36 PS Leistung war der Triebkopf die leistungsstärkste Version der Baureihe 411. (01)

In einem hervorragenden Zustand ist diese Schneefräse der belgischen Luftwaffe, die erst kürzlich ausgemustert wurde. Fast 44 Jahre stand sie im Einsatz. Als Trägerfahrzeug dient ein U25 der Baureihe 401. Die Schneefräse stammt von der Rosenheimer Firma Beilhack. Der Antrieb der Fräse erfolgt durch einen Aufbaumotor, gut zu erkennen ist das heckseitige Stirnradgetriebe, welches die Kraft auf die unter den Achsen verlaufende Antriebswelle überträgt. Neben der Schweiz und Österreich wurden Fahrzeuge dieser Bauart auch von fast allen Nato-Luftwaffen eingesetzt. Ihre Hauptaufgabe war das Beseitigen von Schneeverwehungen auf den Start- und Landebahnen sowie des Vorfeldes. (24)

Oben: Noch immer im Einsatz bei der belgischen Armee ist dieser U25 aus der Baureihe 401, er dient als Zug- und Rangierfahrzeug in einem Militärgelände. Auffällig die Zwillingsbereifung an der Hinterachse mit entsprechend verbreiterten Kotflügeln und darauf montierten Gerätehalterungen. Auch die Verdeckkonstruktion sieht etwas eigenwillig aus, dürfte aber ihren Zweck erfüllen. (21)

Der Bauboom des Wiederaufbaus bescherte auch dem Unimog viele neue Aufgaben, an die bei der Konstruktion als Ackerschlepper keiner gedacht hatte. Aber die hohe Zugleistung, die Wendigkeit und die unerreichte Geländegängigkeit ließen ihn schnell zu einem gern gesehenen Helfer in allen Bereichen der Bauwirtschaft werden. Anfangs mehr als Zugfahrzeug, später dann mit immer ausgeklügelteren Geräten als spezielle Arbeitsmaschine.
Während im Hintergrund eines der ersten neuen Hochhäuser entsteht, zieht dieser U25 (Baureihe 401) einen mit Bauholz beladenen Kippanhänger. Typisch für die ersten Fahrzeuge ist die Ausrüstung mit nur einem Scheibenwischer und einem Rückspiegel. Das schwarze Kennzeichen steht für die Zulassung in Württemberg in der amerikanischen Besatzungszone (AW). (01)

Obwohl schon mehr als 30 Arbeitsjahre auf dem Buckel, sind diese beiden U32 der Baureihe 411 noch immer im täglichen Baustelleneinsatz.
Das obere Bild wurde in Frankreich aufgenommen. Auf der Motorhaube sind zwei Halterungen für Feuerlöscher montiert, das ehemals offene Fahrerhaus ziert nun ein Hardtop. Die Pritschenwände wurden durch höhere Drahtgitterkonstruktionen ersetzt. (22)

Das Fahrzeug auf dem unteren Bild dient als Versorgungsfahrzeug in einem deutschen Steinbruch. Ein entsprechender Tank mit Pumpe ist auf der Pritsche montiert. Das Fahrerhaus ist durch eine provisorische Abdeckung geschützt. Auffällig auch die groß dimensionierten Spritzlappen an den Rädern. (23)

Schon nach kurzer Zeit war der Unimog ein unentbehrlicher Helfer auf Großbaustellen. Neben vielen anderen Aufgaben wurden viele Fahrzeuge als Werkstatt- und Servicefahrzeug für den Baumaschinenfuhrpark eingesetzt.
So auch dieser U34 der Baureihe 411, der in Griechenland die nötigen Ersatzteile für den im Hintergrund erkennbaren Allis-Chalmers-Schürfkübelzug transportiert. (01)

Mit zu den stückzahlmäßig größten Anwendern des Unimog im Baubereich gehörte die Firma Prakla in Hannover. Neben Bohrgeräten waren es insbesondere Labor- und Messwagen für seismische Untersuchungen, die weltweit eingesetzt wurden.
Das Foto zeigt einen U25 (Baureihe 402) mit einem entsprechenden Kofferaufbau. Gut zu erkennen ist der ausfahrbare Antennenmast sowie die Isolierdach/Vorzeltkonstruktion auf Fahrerhaus und Aufbaudach. (01)

Gabelstapler und andere Flurförderfahrzeuge sind heutzutage sehr verbreitet, dies war in den fünfziger und sechziger Jahren noch nicht der Fall. Daher gab es auch für die verschiedenen Unimog-Baureihen einen Vorbaustapelmast als Anbaugerät. Das Foto zeigt einen damit ausgerüsteten U25 der Baureihe 401. Das Fahrzeug ist mit dem geschlossenen Fahrerhaus des Typs 401 ausgestattet, das die Firma Westfalia von 1953 – 56 im Lohnauftrag für Mercedes-Benz fertigte. Es wurde durch das Fahrerhaus vom Typ 411 abgelöst, welches eine Mercedes-Benz-Eigenfertigung war. (01)

Dieses Bild wurde Anfang der sechziger Jahre auf der Bauma in München aufgenommen. Es zeigt einen der ersten Plattenverdichter am Unimog. Als Trägerfahrzeug dient ein U32 aus der Baureihe 411 mit langem (2120 mm) Radstand. Der frontseitig angebaute Plattenverdichter ist mittels Hydraulikzylindern anhebbar. Heckseitig ist das zugehörige Stromaggregat montiert, das durch einen separaten Motor angetrieben wird. (01)

Bei einer Brunnenbohrfirma in Belgien ist dieser U34 der Baureihe 411 mit langem Radstand noch immer im täglichen Gebrauch. Die hohe Wendigkeit und kleine Fahrzeugabmessungen erlauben das Bohren auch auf engen und schwer zugänglichen Baustellen. Heckseitig sorgen zwei Abstützzylinder für die nötige Standsicherheit während des Bohrvorgangs. Allerdings ging der jahrzehntelange Einsatz nicht spurlos an dem Fahrzeug vorbei, so ist inzwischen das Fahrerhaus fast aller Anbauteile entledigt, und auch der Fahrersitz entspricht nicht mehr so ganz dem Original. (21)

Auf diesem U30 (Baureihe 411) mit langem Radstand (2120 mm) ist ein Donges-Aufbaukran aufgesattelt. Im Gegensatz zum Unimog ist der Auflieger zwillingsbereift und daher deutlich breiter als das Zugfahrzeug.
Der Kran hat eine maximale Hubkraft von 3000 kg und ist um 360° schwenkbar. Der Antrieb des Generators für den Kranbetrieb erfolgt durch einen Nebenantrieb, der durch die Sattelkupplung geführt wird. Gut zu erkennen ist der Bedienstand auf der rechten Fahrzeugseite. (01)

Ob im Erz-, Steinkohle-, oder Kalibergbau, der Unimog ist ein unentbehrlicher Helfer für den Untertageeinsatz. Das Foto zeigt einen U34 der Baureihe 411 mit einem Aufbau der Firma Teledyne aus Ontario/Kanada.
Das Trägerfahrzeug wurde mit einer hydraulisch anhebbaren Arbeitsplattform ausgerüstet. Die ausklappbaren Seitenteile vergrößern die Standfläche. Gegen herabfallendes Geröll sind Fahrerhaus und Scheinwerfer durch Drahtgitter geschützt. (02)

Für den Transport von Verbrauchsgütern sowie kleinerer Maschinen und Ersatzteile wurden auch Unimog-Triebköpfe im Untertagebau eingesetzt. Das Foto zeigt einen U34 aus der Baureihe 411 mit einem Hubwagenaufbau der Firma Ruthmann. Den besonderen Vorteil dieser Bauart, das mögliche Be- und Entladen auf Bodenniveau, zeigt das Foto anschaulich.
Am Unimog-Triebkopf wurde alles für diesen Einsatz entbehrliche wie Türen, Verdeck und Windschutzscheibe entfernt. (01)

Dieser U32 (Baureihe 411) war über viele Jahre auf dem Amsterdamer Flughafen Schiphol eingesetzt. Auf dem Foto zieht er gerade einen mit Ölfässern beladenen Tiefladeanhänger vom Vorfeld.
Im Hintergrund zu sehen ist eines der schönsten Propellerflugzeuge der damaligen Zeit, eine Lockheed L-1049 Super Constellation der holländischen Fluggesellschaft KLM. (01)

Oben: Bei vielen Brauereien und Getränke-Vertriebsgesellschaften wird der Unimog als „Mädchen für alles“ eingesetzt. Neben Schneeräum-, Reinigungs- und Rangierarbeiten dient er vor allem im Alpenraum zur Versorgung von Hütten und Gaststätten, die mit normalen Lkw nicht erreichbar sind.
So auch dieser U32 (Baureihe 411) der Tiroler Frischgetränke Gesellschaft aus Innsbruck/Österreich. Das Fahrerhausdach ziert ein Dreiecklicht, wie es früher in aufgeklapptem Zustand zur Kenntlichmachung von Anhängerzügen üblich war. Frontseitig ist eine Schmidt-Geräteanbauplatte mit Hydraulikzylinder montiert, die unter anderem zur Aufnahme eines Schneepflugs genutzt werden kann. (01)

Unten: Schon vor der Einführung des Zweiwegesystems wurde der Unimog auch zum Rangieren von Eisenbahnwaggons eingesetzt. Dieser U25 aus der Baureihe 2010 wurde mit einer Verschiebeplatte ausgerüstet, die in Pufferhöhe montiert ist. Darunter befindet sich eine Anhängekupplung für allgemeine Rangierarbeiten, die sich am Fahrzeugrahmen abstützt. Auffällig auch der mittig oberhalb der Frontscheibe angebrachte kleine Arbeitsscheinwerfer. (01)

Dieses Mercedes-Benz-Werksfoto zeigt eines der ersten Fahrgestelle der Baureihe 404, noch mit kurzem (2350 mm) Radstand.
Gut zu erkennen ist der Aufbau des Fahrgestells und die Lage der Aggregate. Der Sechszylinder-Benzinmotor vom Typ M 180 entstammt ursprünglich dem Personenwagen 220a. (01)

Die Baureihe 404

Mit 64242 Exemplaren ist die Baureihe 404, auch als Unimog S bekannt, bislang der unangefochtene Stückzahl-Spitzenreiter aller Unimog-Baureihen. Dieser Erfolg ist hauptsächlich auf den Einsatz bei Militär und Feuerwehr zurückzuführen, wo die meisten Unimog dieser Baureihe eingesetzt wurden und zum großen Teil noch immer im Einsatz sind.
Die zehn Baumuster gliedern sich in zwei Untergruppen:
Von 1955 bis 1972 entstanden 62451 Einheiten der Baureihe 404.1, unterteilt in sechs Baumuster.
Von 1972 bis 1981 wurden von der Nachfolgebaureihe 404.0 noch 1791 Einheiten gefertigt, die sich in vier Baumuster aufschlüsseln. Die Baureihe 404.0 verwendete die Kabinen der Baureihe 406/416 und ist daher leicht von der Baureihe 404.1 zu unterscheiden.

Die Verkaufsbezeichnungen lauteten:

404.1:	
U80	(BM 404.111)
U? (Verkaufsbez. unbekannt)	(BM 404.112)
U404, Unimog S	(BM 404.113, 404.114, 404.115, 404.117)
404.0:	
U82, UL820B	(BM 404.010, 404.011)
U110, UL1100B	(BM 404.012, 404.013)

Unten: In Reykjavik auf Island ist dieser Unimog S (Baureihe 404.1) im Einsatz. Er dient als Mannschaftstransportwagen der dortigen Rettungsgesellschaft „Slysavarnafelag Islands“. Der Aufbau ist omnibusartig ausgeführt und mit einem Dachgepäckträger versehen. Frontseitig ist eine Seilwinde angebaut. (30)

Oben: Bei diesem Unimog S (Baureihe 404.1) von Detlef Regenberg handelt es sich um ein ehemaliges Feuerwehrfahrzeug des Baujahrs 1964. Es wurde 1997 von der Firma Hellgeth zum Rallye- und Trophyfahrzeug umgebaut. Für den Vortrieb sorgt nun ein 2,8-Liter-Sechszylinder-Benzinmotor mit KE-Einspritzanlage.
Das Fahrzeug wurde unter anderem bei der Supersylvania 1999 und bei der Croatia Trophy 2000 eingesetzt. Das Foto zeigt den Unimog in seinem Element – beim Überwinden eines schwierigen Geländeteils. (49)

Unten: Dieser Schlauchwagen SW 500 gehört zur Freiwilligen Feuerwehr Hagenried im Kreis Günzburg. Das Basisfahrzeug ist ein Unimog S (Baureihe 404.1). Für den Aufbau wurden Teile eines Mercedes-Benz-LP-Fahrerhauses verwendet, was diesem Eigenbau ein etwas eigenwilliges Aussehen gibt. (37)

Links: Diese Aufnahme entstand während einer scharfen Übung auf dem Stuttgarter Flughafen Echterdingen. Ausgelaufenes Kerosin verbrennt mit einer dunklen Rauchwolke. Im Vordergrund ist ein Trockenlöschfahrzeug mit 750 kg Löschpulver (TroLF 750) der Flughafenfeuerwehr in Bereitstellung. Als Basisfahrzeug dient ein Unimog S (Baureihe 404.1) mit Minimax-Aufbau. Die Flughafenfeuerwehr benutzte über viele Jahre einen RTW, zwei TroLF 750 sowie einen RW auf Unimog-Fahrgestellen. (01)

Unten: Als Nachfolger zur Baureihe 404.1 gab es einige Zeit noch die Baureihe 404.0. Diese war mit dem Fahrerhaus der Typreihe 406/416 ausgestattet. Weiterhin lag die Leistung der eingebauten Benzinmotoren höher. Abgebildet ist ein RF-A (Rüstfahrzeug mit Allradantrieb) der Feuerwehr Allensteig in Niederösterreich. Der Aufbau stammt von Rosenbauer/Linz. Unter der frontseitigen Abdeckung befindet sich eine Seilwinde. (01)

Oben: Zu den Benutzern des Unimog S der Baureihe 404.0 gehört auch die Deutsche Bundespost. Je nach Einsatzzweck gibt es verschiedene Aufbauten. Relativ selten ist hierbei die Version mit Pritsche und Frontseilwinde. Diese Fahrzeuge werden neben dem Materialtransport zum Ziehen diverser Anhänger des Fernmeldenotdienstes eingesetzt. (25)

Unten: Fast keine Armee der Welt kam umhin, die Eigenschaften des Unimogs zu testen. In vielen Fällen kam es zur Beschaffung, und ein Großteil dieser Fahrzeuge ist trotz des Alters von über 30 Jahren noch im Einsatz, was man insbesondere bei humanitären Einsätzen sehen kann.
Das Foto zeigt einen Unimog S (Baureihe 404.1) der dänischen Armee. Aufgenommen wurde es während der UN-Mission in Kroatien auf dem Flughafen von Zagreb. Im Hintergrund sind noch Lockheed-C-130-Hercules-Transportflugzeuge der kanadischen Luftwaffe zu erkennen. Da das Fahrerhaus des Unimog abgeplant ist, kann man gut die Gestängekonstruktion des Verdecks erkennen. (26)

Oben: Die französische Armee gehörte neben der englischen Armee zu den ersten Exportkunden für den Unimog S (Baureihe 404). Die ersten ausgelieferten Fahrzeuge unterschieden sich vom späteren Serientyp hauptsächlich in der Frontgestaltung des Fahrerhauses sowie durch eine Holzpritsche und einen kürzeren Radstand. Dieser betrug nur 2350 mm, die nachfolgenden Fahrzeuge erhielten einen Radstand von 2670 bzw. 2900 mm. Fahrzeuge mit der gleichen Frontgestaltung waren über lange Zeit auch bei der Flughafenfeuerwehr in Frankfurt/Main eingesetzt. (01)

Unten: Erst kürzlich konnte dieser Unimog S (Baureihe 404.1) fotografiert werden. Er gehört zum Bestand der belgischen Armee. Höchst interessant ist die v-förmige Vollgummibereifung auf Stahlfelgen, die eine deutlich breitere Spur ergibt. Leider ließ sich nicht in Erfahrung bringen, welchem Zweck dieser Umbau dient. (21)

Rechts: Brunnenbau ist in Afrika eine Frage des Überlebens, zumal ein Großteil der dortigen Bevölkerung noch immer ohne sauberes Trinkwasser auskommen muss. Aufgrund seiner Geländegängigkeit, der einfachen Wartung und anspruchsloser, zuverlässiger Technik ist der Unimog der ideale Bohrgeräteträger. Das Foto zeigt einen Unimog S (Baureihe 404.1) bei Bohrarbeiten in Schwarzafrika. (01)

Unten: Ein höchst willkommenes Gastgeschenk waren Unimog, die im Rahmen von Staatsbesuchen und als Entwicklungshilfe an Staaten der Dritten Welt abgegeben wurden. Neben Spezialfahrzeugen, wie Clinomobilen und Fahrbüchereien, waren darunter auch Pritschenfahrzeuge für allgemeine Transportaufgaben.
Dieser Unimog S (Baureihe 404.1) ging nach Liberia, wie die Pritschenbeschriftung deutlich macht. Frontseitig ist eine Seilwinde montiert. Wer genau hinsieht, erkennt, dass die Reifendruckangabe in englischen Maßen auflackiert ist. (01)

Oben: Im Berchtesgadener Land wurde dieser Unimog der Baureihe 421 fotografiert, als er gerade durch einen alten Seilbagger mit Mist beladen wird. Angehängt ist ein einachsiger Miststreuer. Der Unimog ist mit Frontanbaubeschlägen ausgestattet, auffällig auch die beiden Arbeitsscheinwerfer am oberen Windschutzscheibenrand. (24)

Die Baureihe 421

Die Baureihe 421 wurde von 1966 bis 1989 gefertigt. Insgesamt entstanden 18995 Exemplare, verteilt auf 18 Baumuster. Auf Basis der Baureihe 421 entstanden in argentinischer Lizenzproduktion ab 1969 753 Unimog der Baureihe 431, verteilt auf zwei Baumuster.

Die Verkaufsbezeichnungen lauteten:

Baureihe 421:	
U? (Verkaufsbez. unbekannt)	(BM 421.120)
U40, U45	(BM 421.122, 421.123)
U52, U600	(BM 421.124, 421.125, 421.140, 421.141)
U60	(BM 421.162, 421.163)
U600	(BM 421.126)
U60, U600L	(BM 421.128, 421.129)
U40T, U55T	(BM 421.130, 421.131)
U60T, U600T	(BM 421.132, 421.133)
U421	(BM 421.310)
Zulieferteilesatz an Firma Trenkle für Modell Tremo	(BM 421.172)
Baureihe 431:	
U431	(BM 431.210, 431.211)

Unten: Nicht weit weg vom oberen Bild ist dieser Unimog im Einsatz. Er dient als „Hofhund“ bei einer Subaru-Autovertretung in Reit im Winkl. Auf das Fahrzeug (Baureihe 421) wurde anstatt der Pritsche ein Aufbaumotor mit Getriebe montiert. Dieser dient als Antrieb für die frontseitig angebaute Schneeschleuder. Gut zu erkennen ist die Kraftübertragung durch eine Duplexkette auf die unter den Achsen verlaufende Antriebswelle. Die Zugänglichkeit zu diesem Aufbaumotor dürfte wohl optimal sein. (24)

Unten: Einen U600 der Baureihe 421 des Stadtbauamtes Bad Reichenhall zeigt dieses Foto. Aufgebaut ist ein Trenkle-Hydraulikbagger. Dieser schnelle und kleine Mobilbagger bewährt sich besonders auf engen und schlecht zugänglichen Baustellen. Gut zu erkennen sind die tellerförmigen Abstützungen, die dem Fahrzeug im Arbeitseinsatz sicheren Stand verleihen. Der Zweischalengreifer ist in einer Halterung auf der Frontanbauplatte abgelegt. (24)

[redacted]

Die Baureihe 407

Die Baureihe 407 wurde als Nachfolger der Baureihe 421 von 1988 bis 1992 gefertigt. Insgesamt entstanden 789 Exemplare, verteilt auf sechs Baumuster.

Die Verkaufsbezeichnungen lauteten:
Baureihe 407:
U600 (BM 407.100, 407.200)
U650 (BM 407.110, 407.210)
U650L (BM 407.111, 407.211)

Der hier oben und unten gezeigte U600 der Baureihe 407 konnte im März 2000 in einem Waldgelände bei Söllingen/Baden fotografiert werden. Er ist mit einer Rücke-Einrichtung, bestehend aus Doppeltrommelseilwinde und Heckpolderschild, versehen. Gut zu erkennen sind die Kugelpunkte, auf die im Bedarfsfall eine Pritsche aufgebaut werden kann. Scheinwerfer und Fahrerhausrückseite sind durch Drahtgitter geschützt. (24)

Dieser U600 (Baureihe 407) wurde Anfang März 1995 aufgenommen. Zu diesem Zeitpunkt war das Wasserwirtschaftsamt in Traunstein mit Gehölzpflegearbeiten entlang des Traun-Flussbettes beschäftigt. An den Unimog angekoppelt ist ein einachsiger Anhänger, der mit Häckselgut beladen wird. Der Häcksler wird von dem im Hintergrund erkennbaren Fendt-Geräteträger F 380 GTA angetrieben. Das Wasserwirtschaftsamt in Traunstein setzt in seinen Flussmeisterstellen mehrere Unimog ein, siehe hierzu auch Seite 96. (24)

Was hier aussieht wie die Gegenüberstellung von David und Goliath hat durchaus einen Sinn. Für Instandsetzungsarbeiten innerhalb der Festung Hohensalzburg war es notwendig, Rohbaumaterialien zur Baustelle zu bringen. Für normale Lkw ist die Zufahrtsstraße zu steil und zu eng. Die Lösung war der Unimog. Ein U600 der Baureihe 407 des Landesbauamtes in Salzburg führte alle Transporte zur Zufriedenheit der Burgverwaltung durch. Das Foto zeigt ihn beim Beladen durch einen Steyr-91-Lkw vor dem Salzburger Dom auf dem Kapitelplatz. (27)

Ebenfalls im Salzburger Land ist dieser U600 aus der Baureihe 407 zu Hause. Er gehört zum Fuhrpark der SAFE (Salzburger Aktiengesellschaft für Energiewirtschaft), die erst kürzlich zur Salzburg AG umfirmierte. Der abgebildete Unimog wird für Transporte und als Zugmittel für diverse Anhänger eingesetzt.
Frontseitig ist eine leistungsstarke Seilwinde von HPC eingebaut. Zum Fuhrpark der SAFE gehören noch andere Unimog, siehe hierzu auch die Seite 59. (28)

Dagegen ist dieser U600 (Baureihe 407) in Holland zu Gange. Er gehört zum Bauunternehmen Bruil. Als Frontanbaugerät ist zum Zeitpunkt der Aufnahme eine Kehrmaschine angebaut. Da auch das vordere Kennzeichen auf der Kehrmaschine angebracht ist, dürfte diese wohl ständig angebaut sein. Gut zu erkennen ist auch die Antriebswelle der Kehrmaschine. Statt einer Pritsche findet hinter dem Fahrerhaus ein Aggregat Platz. Je nach Einsatzzweck kann dies unter anderem ein Kompressor, ein Stromerzeuger oder auch ein spezieller Schweißgenerator sein. Auf dem Bild ist ein Kompressor von Atlas-Copco montiert. (01)

Obwohl er die herkömmlichen Traktoren nie ganz ersetzen konnte, findet der Unimog noch immer breite Anwendung in der Landwirtschaft. Allerdings geht der größere Teil der Produktion in andere Einsatzgebiete. Neben dem größeren Komfort ist es vor allem die hohe Straßengeschwindigkeit, die den Unimog für die Landwirtschaft interessant macht. Dies gilt besonders, wenn die einzelnen Anbauflächen weit auseinander liegen oder vermehrt Transporte durchzuführen sind.
Der abgebildete U900 (Baureihe 406) ist mit einem Heckgrubber zur Feldbearbeitung ausgerüstet. An den hinteren Felgen sind Aufnahmekränze für Gitterräder montiert. Diese werden verwendet, wenn der Bodendruck vermindert werden muss. (24)

Die Baureihe 406

Für viele der typische Unimog – die Baureihe 406. Sie wurde von 1963 bis 1989 gefertigt. Insgesamt entstanden 37069 Exemplare, verteilt auf 12 Baumuster.
Äußerlich nicht zu unterscheiden ist die Baureihe 403. Der Hauptunterschied liegt in der Verwendung eines Vierzylindermotors, während bei der Baureihe 406 Sechszylindermaschinen zum Einbau kamen. Von der Baureihe 403 entstanden im Bauzeitraum 1966 bis 1988 5063 Einheiten, die sich auf vier Baumuster verteilten.

Ebenfalls ein Ableger der Baureihe 406 ist die Baureihe 419. Diese wurde unter dem Markennamen Freightliner in 2416 Exemplaren für die US-Armee gefertigt. Die auf vier Baumuster verteilten Fahrzeuge entstanden von 1986 bis 1991.

Die Verkaufsbezeichnungen lauteten:

Baureihe 403:	
U54	(BM 403.120, 403.121)
U66, U72, U800	(BM 403.122, 403.123)
Baureihe 406:	
U65, U70, U80, U84, U900	(BM 406.120, 406.121)
U65T, U70T	(BM 406.130)
U65T	(BM 406.131)
U80T	(BM 406.133)
U? (Verkaufsbez. unbekannt)	(BM 406.141)
U900	(BM 406.142, 406.143, 406.145)
U406	(BM 406.320)
Teilesätze für Straßenfertiger Fa. Vögele	(BM 406.170, 406.171)
Baureihe 419:	
U900 SEE	(BM 419.101)
U900 HME	(BM 419.102, 419.104)
U900 HMMH	(BM 419.103)

Ebenfalls ein U900 der Baureihe 406 zeigt dieses Foto. Eingesetzt wird das Fahrzeug zum Ausbringen von Kalken und anderen Düngemitteln auf Anbauflächen und in Wäldern. Der Großflächen-Scheibenstreuer HGS der Firma Hufgard erreicht dabei eine maximale Arbeitsbreite von 24 Meter. (03)

Von einem harten Arbeitsleben im Forsteinsatz ist dieser Unimog der Baureihe 406 schwer gezeichnet, aber noch immer voll einsatzbereit. Aufgenommen wurde der U80 in einem Privatwald in der Nähe von Heilbronn. Das Fahrzeug wird zum Stammholzrücken zu den Polderplätzen eingesetzt. Neben dem etwas verbeulten Äußeren fallen die unterschiedlichen Reifenprofile auf, sowie das Fehlen fast aller Anbauteile wie Kotflügel oder Spiegel, die dem rauen Forstalltag nicht lange standhielten. Das Fahrerhausdach wird durch eine massive Rohrkonstruktion geschützt. (24)

Wie aus dem Ei gepellt dagegen dieser Unimog, der in der Provinz Alberta in Kanada eingesetzt wird. Das Fahrzeug dient zum Bewässern von Baumschonungen und anderen Anpflanzungen. Hierfür wurde der Unimog auf der Pritsche mit einem Wassertank und einem schwenkbaren Bewässerungsausleger versehen. Dahinter findet noch ein Gerätekasten Platz. Das Fahrerhausschutzdach dient gleichzeitig als Lagerort für das Reserverad. Sehr markant ist die Ausstattung mit hochgezogenem Auspuffrohr und Luftansaugstutzen mit Grobschmutzabscheider. In Nordamerika wurde die Baureihe 406 von der Firma Case unter der Bezeichnung MB-4/94-Unimog angeboten, wobei sich die 94 auf die Motorleistung in PS bezog. (22)

Oben: Über den Unimog im Kommunaleinsatz zu berichten, ist eigentlich nicht mehr nötig – der Unimog ist das Kommunalfahrzeug für den Ganzjahreseinsatz schlechthin geworden.
Das Foto zeigt einen U800 (Baureihe 403) beim Mähen des Randstreifens an einem Entwässerungsgraben. Das Mähwerk wird hierbei vom Fahrer mitbedient, gut erkennbar die entsprechenden Hydrauliksteuerhebel an der Fahrertür. Eingesetzt wird das Fahrzeug vom Zweckverband Rosenheim, fotografiert wurde es 1997 nahe Prien am Chiemsee. (24)

Unten: Auf einer großen Mülldeponie des Landkreises Esslingen ist dieser U900 der Baureihe 406 im Einsatz. Ausgestattet mit einem Erdschieber und einer Kehrmaschine obliegt dem Fahrzeug das Freihalten und Reinigen des Deponiewegenetzes. (24)

Fast auf jedem Flughafen der Welt findet man den Unimog im Einsatz. Ob als Zug- oder Rangierfahrzeug, Geräteträger für Anbaugeräte, bei der Flughafenfeuerwehr oder beim Bodenverkehrsdienst. Betreiber und Anwendungen sind zahllos.
Dieser U84 der Baureihe 406 versieht seinen Dienst auf dem Stuttgarter Flughafen Echterdingen. Das Fahrzeug ist mit einer Schmidt-Schneefräse ausgerüstet, die durch einen auf der Pritsche befindlichen Aufbaumotor angetrieben wird. Typisch für solche Fahrzeuge ist das größere Fahrerhausoberteil mit mehr Fensterfläche. Leistungsstarke Scheinwerfer ermöglichen das Arbeiten auch bei schlechter Witterung und bei Dunkelheit. Im Verbund mit größeren Schneeräummaschinen werden so das Vorfeld, die Rollwege und die Start- und Landebahn schnee- und eisfrei gehalten. (24)

Unten: Über einen großen Unimog-Fuhrpark verfügt auch die Deutsche Post AG sowie die Telekom. In vielen Niederlassungen dieser Unternehmen werden Unimog als Mehrzweckfahrzeuge verwendet. Hauptsächlich zum Rangieren und Ziehen von Anhängern und für innerbetriebliche Reinigungsarbeiten. So auch dieser U900 der Baureihe 406. Ausgerüstet ist das Fahrzeug mit einer Vorbaukehrmaschine und einem kleinen Geräteanhänger. Das alte BP-Kennzeichen mit Nummerngruppe 82 weist auf eine Zugmaschine im Fernmeldedienst hin. (25)

Dieser Unimog der Baureihe 406 gehört zu einem Zirkusunternehmen in Dänemark. Er dient dort als Wasserwagen und zum Rangieren der Zirkusanhänger. Hierzu ist frontseitig unter der Stoßstange eine Anhängerkupplung montiert. Gerade die kurzen Versionen des Unimog erfreuen sich bei Schaustellern großer Beliebtheit aufgrund ihrer Wendigkeit und der Möglichkeit, auch mit zwei Anhängern innerhalb der gesetzlichen Zuglängenvorgaben zu bleiben. (36)

Auch dies ist ein Unimog der Baureihe 406, auch wenn man es nur noch an den typischen Felgen erkennt. Mehrere dieser Fahrzeuge werden mit Personenanhängern zu Stadtrundfahrten in Hamburg eingesetzt. Ähnliche Züge findet man auch in St. Peter-Ording und in verschiedenen Automobilwerken, so zum Beispiel im DaimlerChrysler-Werk Rastatt. Aufgrund seiner Druckluftbremsanlage eignet sich der Unimog besonders für den Betrieb von Anhängern für den Personentransport, bei dem ein sicheres Abbremsen des Zuges unerlässlich ist. (24)

Auf Basis der Baureihe 406 wurde für die Pioniereinheiten der US-Army die Baureihe 419 gefertigt. Das Fahrzeug gab es in folgenden Versionen:

- Small Emplacement Excavator (SEE Tractor) mit Frontlader und Heckbagger.
- High Mobility Handler (HMMH Tractor) mit Vorbaustapelmast und Heckbagger.
- High Mobility Entrencher (HME Tractor) mit Erdschieber und Grabenfräse.
- All Terrain Tow Vehicle (ATTV Tractor) mit Anhängekupplungen und Pritsche.

Daneben konnten fast alle Anbaugeräte auch an diesem Unimog betrieben werden. Die Leistung betrug 110 PS/81 kW. Die Baureihe 419 ist luftverlastbar. Zur Zeit werden die ersten Fahrzeuge ausgemustert, diese finden sehr oft bei Baufirmen und Feuerwehren weitere Verwendung. Die beiden Bilder dieser Seite zeigen einen SEE-Tractor. Das obere Bild zeigt die Fahrstellung mit zusammengelegtem Heckbagger; auf dem unteren ist ein Fahrzeug gerade mit Aushubarbeiten beschäftigt. (30/01)

Dieser U900 der Baureihe 406 ist als Zweiwegefahrzeug in der Marinewerft Wilhelmshafen im Einsatz. Mit ihm werden Waggons auf dem weiträumigen Gelände rangiert. Gut zu erkennen, dass Ansaugstutzen und Auspuffrohr mit Funkenfängern und Flammschutz versehen sind. Vor der Hinterachse sind Sandstreubehälter montiert. Durch den Sand erhöht sich der Reibwert, das Anfahren unter Last wird erleichtert. Weitere Details sind der Ölkühler der Wandlerschaltkupplung im Kühlergrill und die typische Zweiwegeausrüstung mit Spitzensignal, Waggonbremsanlage und Schienenführung. Auch das Nachfolgemodell, die Baureihe 417, wird von der Bundeswehr als Zweiwegefahrzeug eingesetzt. Siehe hierzu Seite 80. (33)

In der chemischen Industrie ist es lebenswichtig, potenzielle Zündquellen fernzuhalten. So wurde an diesem U84 (Baureihe 406) die komplette elektrische Anlage ausgebaut. Der Motor wird durch Druckluft gestartet, der Vorratsbehälter befindet sich auf dem Fahrerhaus. Die Auspuffgase verlassen das Fahrzeug durch einen Spezialfilter mit hochgezogenem Endrohr. Das Fahrzeug dient bei der Werkfeuerwehr der Firma Solvay & Cie. in Tavaux/Frankreich. Als Mehrzweckfahrzeug ist es mit einem hydraulischen Ladekran sowie einer Verschiebeplatte ausgerüstet. (34)

Als leistungsstarke Arbeitsmaschine bei geringen Fahrzeugabmessungen wurde die Baureihe 406 recht beliebt. Mit Hilfe der großen Anzahl von möglichen Arbeitsgeräten besaß man mit nur einem Unimog eigentlich einen ganzen Fuhrpark, der entsprechend den wechselnden Anforderungen eingesetzt werden konnte.
Diese Aufnahme aus den sechziger Jahren zeigt einen U70 beim Transport eines Liebherr-Turmdrehkrans. Hierfür war die große Wendigkeit des Unimog von hoher Bedeutung, zumal die Kräne sehr oft unter beengten Platzverhältnissen rangiert und aufgestellt werden mussten. (01)

Ganz anders die Situation im Braunkohletagebau, hier sind große Entfernungen in schwierigem Gelände zurückzulegen. Kein Wunder, dass zum Beispiel die Rheinbraun eine große Flotte an Unimog für die verschiedensten Zwecke vorhält. Abgebildet ist ein U84 (Baureihe 406), der als Servicefahrzeug für den Baumaschinenfuhrpark eingesetzt wird. Auf Grund der hohen Staubentwicklung ist der Unimog mit einem nach außen verlegten Spezialluftfilter versehen. Zum Zeitpunkt der Aufnahme werden gerade Wartungsarbeiten an einem Krupp-Ardelt-Geländekran mit Caterpillar-Zugkopf durchgeführt. (01)

Dieser U84 (Baureihe 406) wurde auf einer Baustelle in Reutlingen fotografiert. Er dient zum Reinigen der Verkehrswege. Hierzu ist frontseitig ein Spritzbalken angebaut, die dazugehörenden Wasserleitungen verlaufen über dem Fahrerhausdach. Am Heck ist eine Kehrmaschine angebracht. Die Wasserversorgung für beide Anbaugeräte übernimmt das GFK-Fass auf der Pritsche. Konsequent werden so fast alle Anbauräume des Unimog ausgenutzt. Auffällig die unterschiedlichen Reifenprofile an Vorder- und Hinterachse. (32)

Dieses Foto entstand beim Neubau einer Schnellstraße nahe Esslingen. Der U900 (Baureihe 406) ist mit zwei Plattenverdichtern zum Verfestigen des Untergrundes im Einsatz. Gut zu erkennen der Antrieb und die Befestigung der vorderen Einheit. Beim Verdichten bewegt sich der Unimog mit nur 80 Meter in der Stunde vorwärts und danach mit 80 km/h zur nächsten Baustelle. Kein Problem für ein Unimog-Getriebe. Das Bild macht recht deutlich, dass bei staubintensiven Einsätzen ein hochgesetzter Zyklon-Luftfilter durchaus von Vorteil ist. Ungewöhnlich auch die Laufrichtung des hinteren Reifens mit schon etwas abgenutztem Conti-E6-Profil gegen die Fahrtrichtung. (24)

Auf einer Baustelle nahe Augsburg konnte 1999 dieser U70 der Baureihe 406 fotografiert werden. Hinter dem Fahrerhaus ist ein hydraulischer Ladekran aufgebaut. Frontseitig trägt der Unimog einen Frontlader. Als Gegengewicht wird beim Frontladereinsatz die Pritsche mit Sand oder anderen Gewichten ballastiert. (24)

Gut beladen ist dieser U84 der Baureihe 406. Er gehört zu einer Holzbaufirma und wurde 1997 in Bernau im Chiemgau aufgenommen. An der vorderen Anbaukonsole ist ein hydraulischer Vorbaustapelmast angebaut. Da der U84 sich nur bedingt für Langmaterialtransport eignet, wurde die Holzladung kurzerhand bis über das Fahrerhaus geschoben. Gut zu erkennen der hochgesetzte Ansaugstutzen des Zyklon-Luftfilters. (24)

Dieser U900 (Baureihe 406) konnte 1999 beim Sportanlagenbau in Waiblingen fotografiert werden. Er ist mit einer Grabenfräse vom Typ AFT 100 ausgerüstet. Sie dient zum Ausheben von Kanälen für Kabel, Rohrleitungen oder für ein Dränagenetz. Seitlich ist ein Förderband angebracht, mit dem der Aushub neben den Graben befördert wird. Um einen geringen Bodendruck zu erzielen, sind großvolumige Sandreifen montiert. Als Gegengewicht zur Grabenfräse ist an der vorderen Anbaukonsole ein mit Beton ausgegossenes Ölfass montiert. Alle Kotflügel und die Pritsche sind entfernt, das Auspuff-Endrohr hochgezogen. (24)

Oben: Dieses Foto zeigt eine Spritzmaschine für Bindemittel auf Basis des U900 (Baureihe 406). Aufgenommen wurde es bei Belagarbeiten im Chiemgau. Der Aufsatztankbehälter wird durch einen Gasbrenner beheizt, der heckseitige Sprühbalken übernimmt das Ausbringen der Bindemittel wie Teer, Bitumen oder Asphalt. An der Fahrzeugfront sind Anbaubeschläge angebracht. Hieran wird im Normalfall bei Belagarbeiten eine Kehrmaschine angebaut. (24)

Unten: Zum Fuhrpark der SAFE (vergleiche hierzu auch Seite 47) gehört auch dieser U900 der Baureihe 406. Er ist mit einem klappbaren Heckbagger vom Typ HT der Firma Schaeff ausgerüstet. Dieser Aufbau hat den Vorteil geringerer Höhe und das Einhalten der Fahrzeugkontur, ohne dass Teile wie die Abstützung die Fahrzeugbreite erhöhen. Auf der Pritsche bleibt noch etwas Platz für Werkzeug- und Gerätekisten. Auch ist weiterhin Anhängerbetrieb möglich. Auf dem Foto, das im Herbst 2000 aufgenommen wurde, ist sehr gut die Aufhängung des Baggeraufbaus am Unimog-Heck zu erkennen. (28)

Sehr beliebt sind auch kombinierte Bagger/Laderaufbauten auf der Baureihe 406. Hohe Arbeitsleistungen, kombiniert mit großen Straßengeschwindigkeiten, ermöglichen ein rasches Umsetzen zwischen einzelnen Baustellen.
Die beiden Fotos zeigen Fahrzeuge mit Aufbauten der Firma Klaus aus Memmingen. Ein umfangreiches Sortiment an Werkzeugen, Greifern und Zubehör ermöglicht den universellen Einsatz.
Der komplette Aufbau ist demontierbar, so dass der Unimog auch zu anderen Arbeiten herangezogen werden kann.

Das obere Bild zeigt einen U84 mit Lader vom Typ 213 beim Bau eines Gewächshauses. Dieser Lader hat bei fünf Meter Ausladung noch eine Hubkraft von 1300 kg. (24)
Beim unteren Bild ist auf einen U900 ein Bagger vom Typ 215 montiert. Er ist in einem Steinbruch beim Baustoffumschlag eingesetzt und mit einem Tieflöffel ausgestattet. Auf dem Foto ist gut zu erkennen, dass die vorderen Reifenprofile nach hinten zeigen. Bei überwiegendem Straßeneinsatz erreicht man dadurch einen größeren Fahrkomfort und geringeren Verschleiß. (23)

Oben: 1994 konnte dieser U900 (Baureihe 406) im Brauereihof der Stuttgarter Hofbräu AG fotografiert werden. Er dient zum Rangieren und Umsetzen der Anhänger zu den Beladestellen. Weiter übernimmt er mit einem Tankanhänger die Versorgung des Festzeltes während des Stuttgarter Volksfestes auf dem Cannstatter Wasen. In beiden Fällen bietet sich nur wenig Platz, so dass hier die gute Wendigkeit des Unimog gefragt ist. Sehr viele Brauereien halten sich Unimog als Mehrzweckfahrzeuge. Mit den entsprechenden Anbaugeräten obliegt ihnen zum Beispiel das Hofreinigen und der Winterdienst. Aber auch Zweiwegefahrzeuge gibt es im Brauereieinsatz, siehe hierzu Seite 79. (24)

Unten: In einem holländischen Seebad ist dieser U65 der Baureihe 406 als rollender Verkaufszug für Fischspezialitäten unterwegs. Der Unimog ist mit einem Kühlkofferaufbau versehen und zieht einen einachsigen Verkaufsanhänger. Markant die großen Spiegel und das Sandblech auf der vorderen Stoßstange. Die seitlichen Lüftungsschlitze neben den Scheinwerfern sind gut zu erkennen. Diese weisen nur die ersten Baumuster der Baureihe 406 auf. (21)

In einem Walzwerk wurde dieses Bild aufgenommen. Mehrere U70 aus der Baureihe 406 erledigen hier mit vollgummibereiften Spezialanhängern den Warenumschlag. Während rechts einer dieser Anhänger entladen wird, stehen die beiden nächsten Züge schon bereit. Zusatznutzen durch entsprechende Anbaugeräte, Wendigkeit und hohe Zugkräfte prädestinieren den Unimog für den Industrieeinsatz. (01)

Dieser U84 (Baureihe 406) dient als mobiles Seilwindenmessfahrzeug beim Seilwindenhersteller HPC in Neusäß bei Augsburg. Zwar in dieser Ansicht nicht erkennbar, ist auf der vorderen Stoßstange natürlich ein Erzeugnis des Herstellers montiert. (24)

Bei der Europäischen Truck-Trial-Meisterschaft handelt es sich um eine ganz andere Art des Motorsports. Bei diesem Geschicklichkeitsfahren im Gelände müssen Hindernisse und schwierige Passagen ohne Zeitvorgabe überwunden werden. Für jede Abweichung vom Kurs gibt es Strafpunkte, entsprechend dem genauen Reglement, in dem auch die technischen Voraussetzungen für die teilnehmenden Fahrzeuge vorgegeben sind. Der Wettbewerb wird in mehreren Fahrzeugklassen durchgeführt. Der abgebildete Unimog der Baureihe 406 startet mit seinem Besitzer Udo Bühler in der Klasse S1. (56)

Eines der ersten Zweiwegefahrzeuge auf Basis der Baureihe 406 zeigt dieses Bild. Es handelt sich um einen U70 mit Zweiwegeausrüstung der Firma Zweiweg. Die Anfangsbaumuster der Baureihe 406 besaßen noch Lüftergitter neben den Scheinwerfern und keine Eckscheiben an der Fahrerhausrückwand, daran sind sie leicht zu erkennen.
Der U70 bewältigte bis zu 300 Tonnen Anhängelast, dies entspricht zirka 12 Waggons. Die heutigen Unimog-Zweiwegefahrzeuge erlauben hier bis zu 1000 Tonnen Anhängelast. Auf dem Foto gut zu

[redacted]

naue Zuordnung ist leider nicht möglich, da dieses Fahrzeug eine neue Frontpartie aus geraden Blechen erhielt. Eigentümer ist die Stadtverwaltung in Swakopmund in Namibia. Das Aufnahmejahr ist 1995. (29)

Rechts: Dieser Unimog der Baureihe 416 ist mit einer Dammann-Großflächenspritze ausgerüstet. Je nach Typ sind hier Auslegebreiten bis zu 36 Meter möglich. Aufgrund der langen Pritsche bleibt vor dem Spritzmitteltank noch Platz für Gerätekisten. (38)

Unten: Bei der Festma Vertau GmbH in Bremen sind mehrere Unimog verschiedener Baureihen im Einsatz. Mittels eingebauter Spillwinden obliegt ihnen das sichere Festmachen von Schiffen. Ebenso das Transportieren und Anbringen von Gangways.
Das abgebildete Fahrzeug, ein Triebkopf der Baureihe 416, ist zum Zeitpunkt der Aufnahme mit solch einer transportablen Gangway versehen. Gut zu erkennen ist die dafür nötige Aufhängung an der Fahrzeugfront. Das Gegengewicht erhält der Unimog durch die massive Spillaufbauplatte und die zwillingsbereifte Hinterachse. (01)

Die Baureihe 416

Die Baureihe 416 war im Prinzip eine verlängerte Baureihe 406. Sie wurde von 1965 bis 1989 produziert, in diesem Zeitraum entstanden 45544 Exemplare, verteilt auf 21 Baumuster.
Ab 1969 bis 1988 wurde die Baureihe 413 gefertigt. Analog zur Baureihe 406/403 ist diese Version mit einem Vierzylindermotor anstatt eines Sechszylinders ausgestattet und äußerlich nicht von der Baureihe 416 zu unterscheiden. Im Fertigungszeitraum entstanden 633 Einheiten, die sich auf zwei Baumuster aufteilen.
In Lizenz wurde in Argentinien die Baureihe 426 zusammengebaut, die ebenfalls auf der Baureihe 416 basiert. Ab 1968 entstanden davon in zwei Baumustern 2643 Stück. Die Fertigung endete im Jahr 1976.

Die Verkaufsbezeichnungen lauteten:

Baureihe 413:	
U72, U80, U800L	(BM 413.110, 413. 111)
Baureihe 416:	
U80, U90	(BM 416.122, 416.123, 416.124, 416.125, 416.126, 416.127)
U90	(BM 416.310)
U80T, U90T	(BM 416.130, 416.133)
U100, U110, U1100	(BM 416.140, 416.1411
U100, U1100L	(BM 416.114, 416.115, 416.116, 416.117)
U100T, U110T, U1100T	(BM 416.134, 416.135)
U125, U1100L	(BM 416.162, 416.163)
Fahrgestell für UR416	(BM 416.160)
Teilesatz für UT90	(BM 416.170)
Baureihe 426:	
U426	(BM 426.124, 426.125)

Im Oktober 1995 wurde in Salzburg dieser Unimog der Baureihe 416 aufgenommen. Das mit einem Ruthmann-Hubsteiger ausgestattete Fahrzeug dient den dortigen Verkehrsbetrieben bei Wartungs- und Reparaturarbeiten an der Oberleitung für das O-Bus-System. Da dabei der Unimog fast ausschließlich auf befestigtem Gelände eingesetzt wird, weisen die Reifen ein Straßenprofil auf. (24)

Ab 1975 beschaffte der Bundesgrenzschutz für seine Hubschrauberlandeplätze fünf Exemplare eines Trockenlöschfahrzeuges TroLF 750 auf U125 der Baureihe 416. Der Aufbau stammt von der Firma Metz/Karlsruhe und ist weitgehend baugleich mit dem bei der Bundeswehr verwendeten. Markant die Plexiglassichtkuppel auf dem Fahrerhausdach. Das abgebildete Fahrzeug war beim BGS in Gifhorn stationiert und ist zwischenzeitlich durch ein FLF 8/15+500P auf Unimog U2450L mit Ziegler-Aufbau ersetzt. (39)

Sehr viele Unimog der Baureihe 416 werden bei Feuerwehren und Hilfsdiensten auf der ganzen Welt eingesetzt. Einen kleinen Einblick in dieses Gebiet geben die nächsten vier Fotos.
Das abgebildete Fahrzeug war ursprünglich als Waldbrandlöschfahrzeug CCF in Frankreich im Einsatz. Es wurde dann von der Firma Saint-Aubert zu einem Taucherwagen umgebaut und erhielt einen kastenförmigen Aufbau. Einige interessante Details sind die große Antenne auf der Stoßstange, der seitliche Unterfahrschutz sowie die Kugelkopfanhängerkupplung unter der Frontseilwinde. Eingesetzt wird das Fahrzeug von der Feuerwehr St. Denis im Department 17. (40)

Kapstadt in Südafrika ist die Heimat dieses Rettungsfahrzeuges auf U1100L (Baureihe 416). Konzipiert zur Hilfeleistung bei Verkehrsunfällen ist das Fahrzeug sowohl mit medizinischer als auch technischer Beladung versehen. Daher auch das „Star of Life"-Symbol auf der Motorhaube. Das 1987 gefertigte Fahrzeug verfügt über Fensterschutzgitter, um Beschädigungen durch Wurfgeschosse zu verhindern, was aufgrund der damaligen innenpolitischen Lage leider nötig war. (31)

Bei der Freiwilligen Feuerwehr auf der Insel Wangerooge wird dieses Tanklöschfahrzeug auf Basis der Baureihe 416 eingesetzt. Das 1974 gebaute Fahrzeug führt 1600 l Wasser mit. Wegen des weiträumigen Strand- und Dünengeländes ist das Fahrzeug mit großvolumigen Sandreifen und den dazugehörenden Kotflügelverbreiterungen ausgerüstet. Aufgrund der damit verbundenen eingeschränkten Fahreigenschaften auf festen Straßen prangt am Aufbau ein „25 km/h"-Schild. Hierbei darf man natürlich nicht vergessen, dass der Unimog an fast jede Einsatzstelle gelangen kann, wo es für andere Radfahrzeuge schon lange kein Durchkommen mehr gibt. (41)

Dieses Tanklöschfahrzeug der Baureihe 416 gehörte ursprünglich der Feuerwehr in Lelystadt/Holland. Nach einer Überholung wird es nun bei der Feuerwehr in Kapellen/Belgien eingesetzt. Ein markantes Merkmal an dem Doeschot-Rosenbauer-Aufbau ist die verlängerte Kabine mit tiefer gezogenen Türen. Ebenso wurden die Blaulichter zur Verminderung der Fahrzeughöhe unterhalb der Dachkante seitlich montiert. Auf der vorderen Stoßstange befindet sich eine Seilwinde. (21)

Dieser U1100L (Baureihe 416) dient als Abschleppwagen bei Falcks' Redningskorps in Dänemark. Die Firma Falck ist in vielen Städten und Gemeinden in Dänemark für den Brandschutz und Bergungsdienste zuständig. Zur Flotte gehören auch etliche Unimog mit Abschleppaufbauten für Bergungen in schwierigem Gelände. Am abgebildeten Exemplar fällt der zusätzliche Spiegelhalter mit Weitwinkel- und Rampenspiegel auf der Beifahrerseite auf. (22)

Ebenfalls in Dänemark, hier bei der Armee, ist dieser Unimog der Baureihe 416 zu Hause. Markant der Zusatzgepäckträger auf dem Fahrerhausdach, sowie die Anbaubeschläge mit Zapfwelle vorn. Die Baureihe 416 ist als Militärfahrzeug weltweit stark verbreitet. Im Gegensatz zur Baureihe 404 kommen hier generell Dieselmotoren zum Einbau, was viele Streitkräfte bevorzugen. (30)

Dieser Unimog der Baureihe 416 gehört der staatlichen Erdölgesellschaft PEMEX in Mexiko. Die PEMEX setzt fast 400 Unimog verschiedener Baureihen ein. Größtenteils dienen sie zur Wartung und Reparatur des landesweiten Pipeline-Netzes. Da sich dieses oft in unwegsamem Gelände befindet, ist der Unimog hier unverzichtbares Arbeitsgerät. Das abgebildete Fahrzeug trägt frontseitig einen Kompressor mit einer Förderleistung von 2200 Liter pro Minute. Auf der Pritsche sind sowohl ein Autogenschweißgerät als auch ein Schweißgenerator für Elektroschweißungen verladen. (01)

Dieser Unimog der Baureihe 426 ist in Argentinien beheimatet. Er gehört zur Energia Mendoza und wird als Bautruppwagen eingesetzt. Auffällig die Doppelkabine mit Schiebefenstern, die sehr viel kantiger ausgeführt ist als die europäischen Pendants. Innerhalb der stark vergrößerten Stoßstange ist eine leistungsstarke Seilwinde untergebracht. (01)

Sehr beliebt ist die Baureihe 416 auch für den Aufbau von hydraulischen Ladekränen. Fast alle bekannten Kranhersteller bieten entsprechende Kräne für den Mitten- oder Heckanbau an. So unter anderem Atlas, Meiller, Hiab, MKG, Tirre oder Palfinger, um nur einige zu nennen.
Das abgebildete Fahrzeug wurde auf einer Baustelle in der Nähe von Rastatt fotografiert. Ungewöhnlich ist die Lagerung des Reserverades über dem Fahrerhausdach. Auf der vorderen Stoßstange ist eine Werner-Seilwinde montiert. (38)

Ende der sechziger Jahre hielt die Auto-Betonpumpe auf den Baustellen Einzug. Viele dieser ersten Betonpumpen waren auf Unimog-Triebköpfen aufgebaut. Das Foto zeigt einen U80T der Baureihe 416. Aufgebaut ist eine ABP 30 von Schwing. Diese hatte eine Kapazität von 30 m^3 in der Stunde. Gut zu erkennen ist die niedrige Gesamthöhe sowie die mitgeführten Rohrleitungen mit Nennweite 80 mm. Alternativ hierzu gab es die ABP 30 auch mit einem Verteilermast. (01)

In neuwertigem Zustand präsentiert sich dieses Fahrzeug der Baureihe 416. Es gehört zu einem Mühlenbetrieb in der Schweiz. Typisch für Schweizer Fahrzeuge ist die Aluminiumpritsche sowie die farblich abgesetzten Felgen. Im Kühlergrill musste der Mercedes-Stern dem Firmenemblem der Mühle weichen. (37)

Neben Fahrzeugen für austauschbare Ladungsträger werden Triebköpfe auch mit festen Aufbauten versehen. Dieses Fahrzeug der Baureihe 416T gehört zum Fuhrpark eines Entsorgungsunternehmens. Von Sonderfällen abgesehen, wird beim Triebkopf nur die Vorderachse angetrieben, so auch bei diesem Fahrzeug. (38)

Die beiden Fotos dieser Seite zeigen nicht etwa Fahrzeuge auf einem Schrottplatz, sondern einsatzbereite Arbeitsgeräte. Sie beweisen aber, dass ein Unimog auch mit Minimalpflege ein zuverlässiger Partner über lange Jahre bleibt.
Das obere Bild wurde im Senegal aufgenommen. Ein ortsansässiger Spediteur wartet auf die nächste Tour. Auf Grund der hohen Außentemperaturen ist die Motorhaube abgenommen. Wer genau hinsieht, erkennt an den Scheinwerferschutzgittern kleine Mercedessterne. Bei diesem Fahrzeug der Baureihe 416 handelt es sich vermutlich um ein ausgemustertes Militärfahrzeug. (22)
Unten: Noch schlimmer hat es diesen U100 der Baureihe 416 erwischt. Das mit einem hydraulischen Ladekran ausgestattete Fahrzeug ist bei einem Elektrizitätswerk in Jordanien im Einsatz. Allerdings scheint man der hinteren Abstützung nicht mehr so recht zu trauen, denn diese wurde durch ein mit Steinen gefülltes Ölfass unterbaut. (22)

Ebenfalls im Nahen Osten wurde dieses Bild aufgenommen. Es zeigt einen U1100T der Baureihe 416 als Abschleppwagen im Iran. Der Abschleppaufbau mit Ladekran wurde an das Triebkopf-Fahrgestell angeflanscht. Als Hinterachse dient ein altes Lkw-Aggregat, allerdings erfolgt der Antrieb, wie bei Triebköpfen üblich, nur durch die Vorderachse. Bis auf das fehlende Reifenprofil macht das Fahrzeug einen durchaus gepflegten Eindruck. (22)

Dieser U1100 (Baureihe 416) gehört zu einem Schaustellerunternehmen aus Hannover. Frontseitig verfügt das Fahrzeug über einen Stapelmast. Zum Zeitpunkt der Aufnahme (IAA 1998) ist ein Verkaufsstand angehängt, der aus einem alten Straßenbahnwagen entstand. (29)

Dieses ungewöhnliche Wohnmobil konnte 1999 in Belgien fotografiert werden. Als Basisfahrgestell dient ein U1100 der Baureihe 416. In der Vorderansicht ist das Erscheinungsbild noch nicht weiter auffällig. Erst in der Heckansicht offenbart sich ein gelungener und handwerklich sauber durchgeführter Umbau. Leider konnte nicht in Erfahrung gebracht werden, welche Teile hierfür verwendet wurden. Nett gemacht die Riffelblechbeplankung der Grundplatte sowie die Stabholzbeplankung des Aufbaus. (21)

Leider liegen über dieses sonderbare Fahrzeug keine genauen Informationen vor. Das Fahrgestell gehört zur Baureihe 416 und wurde mit einer Doppelkabine versehen. Sowohl diese als auch der Aufbau sind großzügig verglast. Weitere Details sind das Zeltausstelldach und die vordere Seilwinde. Ebenso ungewöhnlich ist die Verwendung von Radkappen an einem Unimog. (01)

Auch dieses Fahrzeug verlangt ein zweites Hinsehen, um den Unimog der Baureihe 416 zu erkennen. Das Fahrzeug dient als Touristenbus in einem Nationalpark in Namibia. Um das Fotografieren zu erleichtern, ist das Dach großflächig zu öffnen. Ansonsten ist der Aufbau recht schlicht gehalten. (29)

Die Paulaner-Brauerei in München setzt diesen U1100 als Zweiwegefahrzeug ein. Das zur Baureihe 416 gehörende Fahrzeug rangiert gerade einen mit Kohlensäure beladenen Kesselwagen innerhalb des Werksgeländes. Das Fahrzeug verfügt über kleine Rollenspurhalter, wie sie bei engen Gleisradien Verwendung finden. (35)

Auch dies ist ein Unimog der Baureihe 416 im Brauereieinsatz. Die Brauerei Heineken im französischen Strasbourg verwendet diesen U1100 als Rangierfahrzeug. Das von der Firma Zagro aufgebaute Fahrzeug verfügt über Spezialschienenräder der Firma Michelin. Die Motorhaube und das großvolumige Fahrerhaus verleihen diesem Unimog das Erscheinungsbild eines Triebwagens. Auffällig die Pufferbohlen an Front- und Heckseite. (04)

Für Sonderfahrzeuge aller Art eignen sich die Unimog-Triebköpfe besonders. Je nach Einsatzspektrum sind hier die unterschiedlichsten An- und Aufbauten möglich.
Das Foto zeigt einen dreiachsigen Container-Hochkipper vom Typ FIDA der Firma Fasieco aus Neuss. Eine große Auswahl an unterschiedlichen Mulden und Tankbehältern erlaubt den genauen Zuschnitt auf die gestellte Transportaufgabe. Eine weitere Besonderheit ist die Verwendung einer Mulag-Panoramakabine. Diese basiert auf dem offenen Fahrerhaus und bietet deutlich mehr Raum- und Fensterfläche als das geschlossene Serienfahrerhaus. Die beiden Hinterachsen sind reine Tragachsen und nicht angetrieben. (01)

Auch dieses Fahrzeug, der Unitrac UT90, gehört ins Kapitel der Baureihe 416. Die Firma Intertractor bot zwei Modelle an, die die Vorteile des Unimog und eines Raupenfahrzeuges verbinden. Für den Typ UT45 waren Baugruppen der Baureihe 421 die Basis, beim UT90 die Baureihe 416. Neben den Motoren und Getrieben waren es die Fahrerhäuser und weitere Unimog-Baugruppen, die verwendet wurden. Das Kettenfahrgestell war eine Eigenfertigung der Firma Intertractor. Der Großteil der gebauten Fahrzeuge wurde in der Bauwirtschaft eingesetzt. Das Foto zeigt einen UT90 beim hochalpinen Seilbahnbau im Kanton Graubünden in der Schweiz. Das Fahrzeug befördert auf seitlichen Auslegern zwei Mastfüße. Diese werden am Einbauort mittels der Frontseilwinde und des hydraulischen Ladekrans montiert. (01)

Die Baureihe 417

Als Ablösung für die Baureihen 403, 406, 413 und 416 war die Baureihe 417 von 1988 bis 1993 in Produktion. Insgesamt entstanden 2275 Exemplare, verteilt auf 15 Baumuster.

Die Verkaufsbezeichnungen lauteten:

Baureihe 417:

U800	(BM 417.100, 417.200)
U900	(BM 417.101, 417.106, 417.201)
U1100T	(BM 417.000)
U1150	(BM 417.110, 417.115, 417.210)
U1150L	(BM 417.111, 417.116, 417.120, 417.211, 417.212, 417.220)

Dieser U900 (Baureihe 417) gehört zu einem Forstkalkungsunternehmen in Neuenstein. Mit Hilfe des heckseitig montierten Gebläses werden der Kalk oder andere Düngemittel ausgebracht. Wie bei Forstfahrzeugen üblich, wird das Fahrerhaus durch einen Rohrrahmen geschützt. Für Selbstbergungszwecke ist auf der vorderen Stoßstange eine HPC-Seilwinde angebaut. (24)

Bei Straßenbauarbeiten im oberbayerischen Rimsting wurde 1995 dieser U900 der Baureihe 417 fotografiert. In dieser Ansicht sind gut Anbauplatte, Zapfwellenstummel und Hydraulikanschlüsse zu erkennen, die für entsprechende Anbaugeräte benötigt werden. (24)

Dieser U900 der Baureihe 417 wird von der Gemeinde Reit im Winkl zur Straßenreinigung eingesetzt. Er ist mit einer Saku-Aufbaukehrmaschine vom Typ 3,5 ausgestattet. Der Kehrgutbehälter fasst 3500 Liter. Frontseitig ist ein 600 Liter Wasser fassender Tank angebaut, der die Staubentwicklung des Kehrgutes verhindert. Gut zu erkennen sind die umlaufenden Bodensprühdüsen. Sowohl Kehrmaschine als auch Wassertank sind als Schnellwechselgerät konzipiert und in kurzer Zeit abgebaut. So steht das Trägerfahrzeug auch für andere Arbeiten jederzeit zur Verfügung. (24)

Dieser U1100T (Baureihe 417) versorgt die Krankenhäuser der Stadt Stuttgart mit dem in der Zentralküche zubereiteten Essen. Aufgrund der einfachen Be- und Entladung durch Rollwagen sowie der verschiedenen Rampenhöhen der einzelnen Krankenhäuser entschied man sich für diese Lösung. Der Ruthmann-Niederflurhubwagen vom Typ HU 1184 ermöglicht eine Nutzlast von 3500 kg, die maximale Hubhöhe des Aufbaus beträgt 1600 mm. (24)

Obwohl man in Frankreich über eine eigene starke Nutzfahrzeugindustrie verfügt, vertraut man doch in großem Maße dem Unimog, wenn es um Waldbrandbekämpfung geht. So auch diesem U1150L der Baureihe 417. Das Fahrzeug vom Typ CCFM verfügt über 2300 Liter Wasser, die Besatzung beträgt vier Mann. Der Aufbau stammt von der Firma Technamm. Eingesetzt wird das 1990 gebaute Fahrzeug vom SDI (Service Departemental d'Incendie et de Secours) in Vaucluse im Departement 84. (01)

Dieser U900 (Baureihe 417) dient als Zweiwege-Rangierfahrzeug im Marine-Munitionsdepot 3 in Enge-Sande. Die Ausrüstung des Fahrzeuges ist weitgehend baugleich mit dem U900 der Baureihe 406, der auf Seite 54 abgebildet ist. Gut zu erkennen sind die Pritsche mit Ballastgewicht, die seitlichen Sandstreuanlagen, sowie der Frontanbau mit Rollenspurhalter. (33)

Oben: Eine ganze Flotte von Unimog-Muldenkippern zeigt dieses Foto. Das dritte Fahrzeug von links gehört noch zur Baureihe 406, der Rest schon zur Baureihe 417.
Sie gehören zu dem 25 Typ U900 umfassenden Fuhrpark der Gelsenwasser AG. Das Foto zeigt einen Teil davon beim Abtransport von Filtersand aus einem Versickerungsbecken zur Reinigungsanlage. Gut erkennbar sind die großvolumigen Sandreifen mit entsprechend verbreiterten Kotflügeln. Die Unimog der Gelsenwasser AG werden mit Bio-Diesel und Bio-Hydrauliköl betrieben, was beim Unimog problemlos möglich ist. (01)
Unten: Dieser U900 der Baureihe 417 wurde bei Verdichterarbeiten auf einer Straßenbaustelle in der Nähe von Aalen aufgenommen. Ein Plattenverdichter ist heckseitig angebaut, das dazugehörende Wasserfass ist auf der Pritsche montiert. Als Gegengewicht sind in den vorderen Anbaubeschlägen Ballastgewichte aus Rundmaterial eingehängt. (24)

Auf dem Gleisnetz der Schweizer Bundesbahnen SBB wird dieser Zweiwege-Unimog der Baureihe 417 eingesetzt.
Er ist mit Gerätschaften zur Weichenpflege und -enteisung ausgestattet, ein Aspekt, dem im winterlichen Alpenvorland große Bedeutung zukommt. Das Fahrzeug ist mit großen Rollenspurhaltern ausgestattet, die bei größeren Gleisradien zum Einsatz kommen. Die Zweiwegeausrüstung stammt von der Firma Zweiweg in Leichlingen. (05)

Links: Dieser U90 turbo der Baureihe 408 gehört zum Fuhrpark der Neckarwerke Stuttgart. Dieser Energieversorger besitzt mehrere Unimog, darunter Zweiwegefahrzeuge für Rangierarbeiten. Das abgebildete Fahrzeug verfügt über eine Werner-Frontseilwinde als Schnellwechselgerät an der vorderen Anbauplatte. Somit ist der kurzfristige Austausch gegen ein anderes Anbaugerät jederzeit möglich. (24)

Bild unten: Zur Grobschmutzentfernung und dem Nivellieren von Wegen dient der Rubbax. Kernstück dieses Anbaugerätes sind vier halbierte Reifen, die, von der Frontzapfwelle angetrieben, in eine Drehbewegung versetzt werden. Darüber hinaus kann dieses Anbaugerät auch zur Schneeräumung eingesetzt werden. Zur Nachreinigung verfügt das abgebildete Fahrzeug über eine Heckkehrmaschine. Basisfahrzeug ist ein U90 (Baureihe 408). (01)

Die Baureihe 408

Diese neue Baureihe wurde ab 1992 produziert, zum Zeitpunkt der Drucklegung befindet sie sich noch in der Fertigung. Als kleinste Baureihe im Unimog-Programm löste sie die Baureihe 407 und Teile der Baureihe 417 ab. Bisher entstanden über 1950 Einheiten, die sich in bislang vier Baumuster aufteilen.

Die Verkaufsbezeichnungen lauten:

U90	(BM 408.100)
U90 turbo	(BM 408.101)
U100L	(BM 408.215)
U100L turbo	(BM 408.216)

Dieses Foto zeigt einen U90 (Baureihe 408) mit einer Schnellwechsel-Aufbaukehrmaschine des österreichischen Herstellers Augl. Die KMU 90 HZ hat ein Fassungsvermögen von 2 m³ und wird von der Heckzapfwelle des Unimog angetrieben. Gut zu erkennen die vordere Servolock-Anbauplatte, an die weitere Zusatzgeräte wie zum Beispiel ein Wildkrautentferner angebaut werden können. (01)

Auf diesem U100L turbo (Baureihe 408) ist eine Hubarbeitsbühne des Herstellers Altec/France Elevateur aufgebaut. Diese wendige und kleine Bühne erlaubt eine Nutzlast von 165 kg, die maximale Arbeitshöhe beträgt 12,2 Meter. Zusätzlich trägt das Fahrzeug als Frontanbau eine Seilwinde. (01)

Auch von der derzeit kleinsten Baureihe im Unimog-Programm, der Baureihe 408, findet man weltweit Waldbrandlöschfahrzeuge. Sie kommen immer dort zum Einsatz, wo das Vordringen zum Brandherd primär wichtiger ist als große Löschwassermengen.
Die beiden Fotos der Seite zeigen zwei Fahrzeuge dieser Sparte. Auf dem oberen Bild ist ein U90 turbo (Baureihe 408) mit einem Aufbau des französischen Herstellers Desautel zu sehen. Das Fahrzeug wurde im Oktober 2000 auf einer Feuerwehrfachmesse in Strasbourg fotografiert, anschließend kam es zu einer Feuerwehr im Département 69. Das Fahrerhaus ist – wie in Frankreich üblich – mit einem Rohrrahmen mit integrierten Selbstschutzsprühdüsen ausgerüstet. Weiterhin verfügt das Fahrzeug über eine Seilwinde. (32)

Auf dem etwas längeren U100L (Baureihe 408) basiert dieses unten gezeigte Fahrzeug, das von der Firma Giletta in Italien aufgebaut wurde. Es verfügt über eine Frontanbauplatte und Hydraulikanschlüsse für Anbaugeräte. Beim Schneisenbau und dem Beseitigen von Hindernissen wird oft von Erdschiebern und Keilpflügen Gebrauch gemacht. (01)

Die Baureihe 418:
Diese komplett neu entwickelte Baureihe löste ab 1992 die Baureihe 417 ab. Im Zeitraum von 1992 bis 1998 entstanden 1223 Fahrzeuge, die sich auf sechs Baumuster verteilen.

Die Verkaufsbezeichnungen lauteten:
Baureihe 418:

U110	(BM 418.100)
U130	(BM 418.102)
U130T	(BM 418.000)
U140	(BM 418.102)
U140L	(BM 418.117, 418.217, 418.237)
U140T	(BM 418.000)

Dieser U130 (Baureihe 418) gehört zu einem Bauernhof in Stuttgart-Bad Cannstatt. Gut zu erkennen ist die so genannte Sichtkanalmotorhaube, die links abgeflacht ist. Damit erreicht man für den Fahrer hervorragende Sichtverhältnisse auf die Anbaugeräte. (32)

Ein U140L der Baureihe 418 in Militärversion. Erprobt wurde das Fahrzeug unter anderem in der Schweiz, die schon seit Jahrzehnten Unimog verschiedener Baureihen einsetzt. Die Nutzlast dieser Ausführung beträgt bis zu 3000 kg. Auffällig die Dachgalerie über dem Fahrerhaus als Stauraum für Planen oder Tarnnetze. Da das Fahrzeug über keine Anbaubeschläge für Geräte verfügt, ist es mit der durchgezogenen Motorhaubenversion ausgerüstet. (01)

Bei Arbeiten in einem Umspannwerk in Grabenstädt/Oberbayern wurde 1994 dieses Gespann fotografiert. Der U140 (Baureihe 418) trägt einen Schaeff-Aufbaulader vom Typ AL 20. Frontseitig ist eine HPC-Seilwinde montiert. Das Fahrzeug ist zum Zeitpunkt der Aufnahme mit Montagekränzen für Gitterräder ausgestattet. Diese werden auf wenig tragfähigem Gelände zur Bodendruckverminderung montiert. (24)

Mehr als 130 Unimog setzt die Electricity Supply Board (ESB) in der Republik Irland ein. Die Fahrzeuge dienen zum Bau und der Unterhaltung von Freileitungen. Neben Bautruppwagen sind es vor allem Fahrzeuge mit Versalift-Steiger-Aufbauten, die hierbei zum Einsatz kommen. Ein auffälliges Detail an diesen Fahrzeugen ist die einzelne Hydraulikabstützung an der Frontseite. (01)

Die beiden Fotos dieser Seite zeigen die Anpassungsfähigkeit eines Unimog-Triebkopfes. Der U140T (Baureihe 418) ist mit einem Container-Hochkipper FCHKT 7 der Firma Fasieco versehen. Dieser erlaubt eine Nutzlast von über sieben Tonnen. Eine Vielzahl von Mulden und Behältern steht hierbei zur Auswahl. Daher sind je nach Aufgabenstellung mit nur einem Fahrzeug diverse Arbeiten durchführbar. So entleert auf dem rechten Bild der Unimog gesammelte Kartonagen in einen größeren Abrollbehälter ohne nochmaliges Umladen. Dasselbe Fahrzeug ist auf dem unteren Bild mit einem Behälter zur Hausmüllbehälterleerung im Einsatz. (01)

Oben: Im März 2000 konnte dieser UX100H bei der Schneeräumung in der Nähe von Berchtesgaden fotografiert werden. Das zur Straßenmeisterei Oberjettenberg gehörende Fahrzeug ist hierzu frontseitig mit einer Schneefräse ausgerüstet. Ein Behälterstreugerät befindet sich am Fahrzeugheck. Der äußerst kompakte Geräteträger UX eignet sich besonders für Arbeiten auf schmalen Wegen und verkehrsberuhigten Zonen, wo größere Fahrzeuge aufgrund ihrer Abmessungen nicht wirtschaftlich arbeiten können. (24)

Die Baureihe 409

Die Baureihe 409 war nur drei Jahre in der Produktion. Mit der Konzentration auf die größeren Baureihen, die das Unimog-Kerngeschäft darstellen, wurde die Baureihe an die Hako-Firmengruppe abgegeben, wo die Fahrzeuge fast unverändert weitergebaut werden. Insgesamt entstanden von 1996 bis 1998 790 Exemplare, die sich in zwei Baumuster aufgliedern.

Die Verkaufsbezeichnungen lauteten:

Baureihe 409:

UX100H	(BM 409.100)
UX100M	(BM 409.101)

Unten: Zur stattlichen Unimog-Flotte des Salzburger Flughafens gehört auch dieser UX100H. Im Winterhalbjahr sind es je nach Witterung vor allem Räumdienstaufgaben, zu denen der kleine Unimog eingesetzt wird. Ein Schmidt-Klappschneepflug und ein Schilcher-Silostreugerät sorgen zum Zeitpunkt der Aufnahme im Frühjahr 2000 für eine schnee- und eisfreie Flughafenringstraße. Gut zu erkennen sind die Schneepflugaufhängung und die dazugehörenden Hydraulikleitungen zur Pflugverstellung. (24)

Aufgrund seiner geringen Fahrzeugbreite von nur 1600 mm eignet sich der UX100H der Baureihe 409 besonders zum Bau und der Ausbesserung von Fußgänger-, Rad-, und Wanderwegen. Das Foto zeigt ein Fahrzeug mit Profiliergerät als Frontanbau und einem Plattenverdichter heckseitig. So kann der komplette Arbeitsprozess in einem Arbeitsgang erfolgen. Da der UX mit einer Höchstgeschwindigkeit von 65 km/h auch autobahntauglich ist, sind längere Anfahrten zu wechselnden Baustellen relativ zügig erledigt. (01)

Bei einem Entsorgungsbetrieb in der Nähe von Chieming in Oberbayern wird dieser UX100H eingesetzt. Das Fahrzeug ist mit einem Absetzkipper CAK 2000 UX der Firma Jotha ausgestattet. Dieser ermöglicht den Transport von Mulden und Behältern mit bis zu drei Kubikmeter Inhalt. Darüber hinaus ist der Aufbau als Schnellwechselgerät konzipiert und kann in wenigen Minuten abgebaut werden, so dass das Trägerfahrzeug weiterhin auch für andere Einsatzzwecke nutzbar bleibt. (24)

Großflächenspritzen sind beim Unimog meistens als Heckauslegergeräte konzipiert. Dass es auch anders geht, zeigt dieses Foto. Zu sehen ist ein U1200 der Baureihe 424 mit einem Frontspritzbalken und einem Aufsatztank der Firma Holder. Gut zu erkennen ist die Befestigung an den vorderen Anbaubeschlägen. (01)

Die Baureihe 424

Von 1976 bis 1989 wurde die Baureihe 424 gefertigt. Zusammen mit der kurz vorher erschienenen Baureihe 435 prägte sie ab Ende der siebziger Jahre das Bild vom Unimog. Im Bauzeitraum entstanden 11233 Exemplare, die sich in sechs Baumuster aufgliedern.
Ab 1988 wurde die Baureihe 424 durch die Baureihe 427 ersetzt, die äußerlich unverändert ist. Diese Reihe befindet sich bei der Drucklegung des Buches noch in Produktion. Im Laufe der Bauzeit wurde sie ständig auf den neuesten Stand der Technik gebracht. Bisher entstanden in 13 Baumustern über 15300 Fahrzeuge.

Die Verkaufsbezeichnungen lauten:

Baureihe 424:
U1000 (BM 424.121)
U1000T (BM 424.131)
U1200 (BM 424.122)
U1200T (BM 424.132)
U1250 (BM 424.126)
U1250L (BM 424.127)
U1550 (BM 424.126)
U1550L (BM 424.127)

Baureihe 427:
U1000 (BM 427.100)
U1200 (BM 427.101)
U1200T (BM 427.000)
U1250 (BM 427.110)
U1250L (BM 427.111)
U1400 (BM 427.102)
U1400T (BM 427.000)
U1450 (BM 427.112)
U1450L (BM 427.111)
U1600 (BM 427.105, 427.107)
U1650 (BM 427.115, 427.117)
U1650L (BM 427.116, 427.118)

Zur Bodennivellierung nach Baumfällarbeiten ist dieser U1400 der Baureihe 427 im Einsatz. Er ist mit einer Baumstubbenfräse des holländischen Herstellers Vermeer ausgerüstet. Als Gewichtsausgleich für das Anbaugerät ist die vordere Anbauplatte mit 750 kg ballastiert. (48)

Zwar wenig spektakulär, aber dennoch sehr wichtig ist die Straßenunterhaltung mit Hilfe des Unimog. Die Fotos dieser Seite zeigen Fahrzeuge aus diesem Arbeitsgebiet.
1994 wurde dieses Bild in Saalfelden/Österreich aufgenommen. Es zeigt einen U1200 (Baureihe 427) des dortigen Bauhofes bei Straßenbauarbeiten. Angehängt ist ein einachsiger Grader für Nivellierarbeiten, der noch manuell bedient wird. (24)

Im Sommer 2000 konnte dieser U1450 (Baureihe 427) eines Straßenbauamtes in Scuol in der Schweiz fotografiert werden. Zum Zeitpunkt der Aufnahme diente er einem Bautrupp beim Aufbringen neuer Fahrbahnmarkierungen. Angehängt ist ein Kocheranhänger für die Markierungsfarbe. Auf der Pritsche befindet sich ein leistungsstarker Kaeser-Kompressor. Interessant der drehbare Ausleger über dem Fahrerhaus, der auf der vorderen Anbauplatte abgelegt wird. (24)

Bei vielen Verkehrsbetrieben findet man auch den Unimog im Bestand. Ob als Zweiwegefahrzeug, Abschlepp- oder Unfallhilfswagen oder als „Mädchen für alles“, er ist überall zu finden.
Dieser U1650 der Baureihe 427 ist bei den Stadtwerken in Augsburg im Einsatz. Auf der Pritsche findet technische Beladung Platz, eine Abschleppstange ist an der rechten Bordwand entnahmegünstig befestigt. Zusätzlich verfügt das Fahrzeug über eine HPC-Frontseilwinde. (43)

Auf Seite 46 haben wir bereits einen Unimog des Wasserwirtschaftsamtes in Traunstein gesehen. Dieser U1600 (Baureihe 427) mit Schaeff-AT-16-Bagger gehört zur Flussmeisterstelle in Piding. Das Foto zeigt ihn beim Beladen eines Tandemanhängers mit Schnittgut, das während einer Durchforstungsaktion entlang eines Flussufers angefallen ist. Zwischenzeitlich wurde das 10 Jahre alte Fahrzeug durch einen neuen U1600 ersetzt. (24)

Auf abgelegenen Höfen und Almen im Alpengebiet bedarf es mitunter schon eines Unimog als Milchsammelwagen. Dieser U1250 der Baureihe 427 konnte im Juli 1999 bei einem Unimog-Treffen fotografiert werden. (46)

Pferderennen gehören in Japan zu den absoluten Publikumsmagneten. Für die optimale Aufbereitung des Rennbahnbelages zwischen den einzelnen Rennen sind hier Unimog im Einsatz, welche, seitenversetzt fahrend, in einem Arbeitsgang die komplette Bahnbreite bearbeiten können. Das Foto zeigt eines dieser Fahrzeuge, einen U1400 aus der Baureihe 427. (06)

Zum Fuhrpark der Wendelsteinbahn in Brannenburg gehört auch dieser U1200 der Baureihe 427. Zum Zeitpunkt der Aufnahme im November 1999 war er mit einem Beilhack-Schneepflug beim Winterdienst auf dem Betriebsgelände im Einsatz. Zusätzlich ist an den Heckanbaubeschlägen eine HPC-Seilwinde montiert. (24)

Dieses Bild zeigt einen U1450 (Baureihe 427) der Calanda-Brauerei in Graubünden in der Schweiz. Wie schon der U411 auf Seite 35 dient auch er zur Versorgung von bewirtschafteten Hütten und Almen, die mit herkömmlichen Lkw nicht erreichbar sind. Oberhalb der Pritsche befindet sich eine Staufläche für die Plane. Zusätzlich ist frontseitig eine Anbauplatte montiert. (44)

Oben: Auf einer Autobahn-Großbaustelle nahe Übersee in Oberbayern wurde im März 1997 dieser U1600 (Baureihe 427) der Bauunternehmung Meister aus Deggendorf fotografiert. Das Fahrzeug wurde zu Verdichtungsarbeiten eingesetzt. Hierzu ist es mit zwei Kramer-Plattenverdichtern sowie einem Wassertank ausgestattet. Für ein Baufahrzeug ist das Reifenprofil mit v-förmigen Stollen eher ungewöhnlich. (24)

Unten: An einem Umspannwerk der TIWAG im österreichischen Tirol ist dieser U1650 der Baureihe 427 im Einsatz. Das Fahrzeug verfügt über einen Palfinger-Ladekran sowie am Rahmenheck über eine Seilwinde mit Bergstütze. Statt der Werkspritsche findet eine Pritsche der Firma Empl Verwendung. Diese hat höhere Bordwände und ist mit Lagerungen für den Materialtransport versehen. Aufgrund der hohen Schneelage zum Zeitpunkt der Aufnahme sind an allen vier Rädern Gleitschutzketten aufgezogen. (24)

Dieser U1400 aus der Baureihe 427 gehört zum Fuhrpark der Firma SEG in Bayern. Aufgenommen wurde das Fahrzeug bei Montagearbeiten an einer Überlandstromleitung. Das mit einem Schaeff-AL-20-Aufbaulader sowie mit einer HPC-Seilwinde ausgestattete Fahrzeug hat zum Zeitpunkt der Aufnahme Gitterräder aufgelegt. Diese vermindern den Bodendruck und verhindern so ein Einsinken des Fahrzeuges. Gleichzeitig werden auf diese Weise die Beschädigungen der Vegetation verringert. (24)

Oftmals obliegt es dem Unimog, auf Baustellen für die Sauberkeit der Fahrwege und öffentlicher Straßen zu sorgen. So auch diesem U1000 (Baureihe 424) der Esslinger Firma Bayer. Zur Grobschmutzentfernung dient ein angebauter Schmid-Erdschieber. Vom selben Lieferant stammt die Aufbaukehrmaschine des Typs SK 320. Mit ihr sind Kehrleistungen von bis zu 24000 m^2 in der Stunde möglich. Sie fasst 2,5 m^3 und wird durch einen Hatz-Dreizylinder-Dieselmotor mit 49 PS angetrieben. (24)

Oben: Dieser Unimog der Baureihe 424 dient bei einem Bauunternehmen in Neu-Isenburg. Konsequent wurden fast alle Anbauräume des Fahrzeuges ausgenutzt. Durch das abgenommene Mittelstück sind die vorderen Anbaubeschläge sowie die Zapfwelle gut ersichtlich. Zwischen Fahrerhaus und Pritsche befindet sich ein hydraulischer Ladekran der Siebentonnen-Klasse, ein Hiab 070. Auf der Pritsche schließlich findet sich ein GFK-Wasserfass, was die Vermutung nahe legt, dass im Frontanbau eine Kehrmaschine angebaut wird. Auch an diesem Fahrzeug sind an Vorder- und Hinterachse unterschiedliche Reifenprofile montiert. (23)

Unten: In einem Ölfördergebiet bei Muscat im Oman konnte diese Unimog-Ansammlung fotografiert werden. Die beiden Fahrzeuge rechts sind Bohrgeräteträger auf U1250L (Baureihe 427). Daneben stehen noch zwei U1750L der Baureihe 437. Alle Fahrzeuge sind mit Klimaanlagen und Sandreifen ausgestattet. (22)

Oben: Die überragenden Geländefähigkeiten des Unimog kommen nur mit entsprechend geschultem Personal voll zur Geltung. Besonders wichtig ist geübtes Fahrpersonal im Feuerwehr- und Hilfsdienstbereich. Das Foto zeigt eine Gruppe österreichischer Feuerwehrfahrzeuge bei einem Geländefahrtraining auf einer Übungsanlage.
Links im Bild ein U1000 (Baureihe 424) der Feuerwehr Zell am See. Das Fahrzeug verfügt über eine zapfwellengetriebene Vorbaupumpe und einen Wassertank auf der Pritsche. Rechts ist ein Unimog S (Baureihe 404.1) zu sehen. Wer ganz genau hinsieht, erkennt im Hintergrund noch einen U1300L der Baureihe 435. (01)

Unten: Aber auch Militärfeuerwehren auf der ganzen Welt vertrauen zum Schutz ihrer Anlagen auf den Unimog. So auch das US-Army Fire Department in Schweinfurt, wo dieser U1000 der Baureihe 424 als Mehrzweckfahrzeug im Dienst steht. (45)

Oben: Bei der Berufsfeuerwehr in Lausanne in der Schweiz ist dieser U1400 der Baureihe 427 im Einsatz. Das 1993 gebaute Fahrzeug dient als Rüstwagen-Schiene. Neben einer umfangreichen Beladung verfügt dieses Fahrzeug über einen hydraulischen Ladekran. (43)

Unten: Ein großer Vorteil der Unimog-Zweiwegefahrzeuge ist die rasche Verlegbarkeit über Straßen und das schnelle und unproblematische Auf- und Abgleisen an fast jeder Stelle des Schienennetzes. Dieser U1200 (Baureihe 427) der Deutschen Bundesbahn ist mit einem Schmidt-Mulag-Böschungsmähwerk ausgerüstet. Das Fahrzeug verfügt über die sogenannte Mähwerkstüre, die dem Bediener beste Sichtverhältnisse und bequemes Arbeiten ermöglicht. Das Mähwerk ist ein Schnellwechselgerät, und rasch montiert oder wieder abgebaut. An der Hinterachsfelge ist die mechanische Federblockierung zu erkennen, die ein Aufschaukeln des Fahrzeuges im Mähbetrieb verhindert. (01)

Neben Rangierfahrzeugen sind es vor allem Turmwagen, Ladekräne und Hubsteiger, die auf Unimog-Zweiwegefahrzeugen aufgebaut werden. Diese dienen dann in der Hauptsache bei Wartungs- und Reparaturarbeiten an Signalen und Fahrleitungen. Das Foto zeigt einen U1650L (Baureihe 427) mit einem Ruthmann-Steiger-Aufbau. Durch die große Ausladung können die Arbeiten auch über Parallelgleise hinweg verlaufen. Für einen sicheren Stand sorgt eine hydraulische Vierfachabstützung des Fahrzeuges. Zusätzlich sind als Schnellwechselfrontgerät sehr oft wahlweise Seilwinden, Kompressoren oder Drehstromerzeuger montiert. So kann der Bautrupp mit nur einem Fahrzeug alle notwendigen Arbeiten vor Ort durchführen. (07)

Über einen umfangreichen Unimog-Zweiwege-Fuhrpark verfügt die BASF. In den weiträumigen Chemieanlagen übernehmen Unimog neben Rangierlokomotiven einen Großteil der Waggonverschiebearbeiten. Das Foto zeigt eines dieser Fahrzeuge, einen U1600 der Baureihe 427. Ein markantes Merkmal ist die massive Frontplatte zum Verschieben der Waggons. Im innerbetrieblichen Einsatz sind Anhängelasten von bis zu 1000 Tonnen möglich, die der Unimog bewegen kann und mittels der eingebauten Waggonbremsanlage auch sicher verzögert. (01)

Bereits im Vorgängerband „Das Buch vom Unimog“ sind auf den Seiten 119 – 121 Fahrzeuge der STIB abgebildet. Diese betreibt in der belgischen Hauptstadt Brüssel den Personennahverkehr. Zwischenzeitlich bereichert ein neues Fahrzeug den umfangreichen Unimog-Fuhrpark dieses Unternehmens. Auf einem U1650-Zweiwege-Fahrzeug (Baureihe 427) entstand ein Hilfsfahrzeug, das bei Pannen und Unfällen zum Einsatz kommt. Eine umfangreiche technische Beladung wird mitgeführt und ist aufgrund von Schiebeplanen und Kniehebelbordwänden rasch zugänglich und leicht entnehmbar. Typisch für Fahrzeuge der STIB ist die großzügige Ausstattung mit Kennleuchten und Arbeitsscheinwerfern, die ein Arbeiten auch unter schlechten Lichtverhältnissen ermöglicht. Gut zu erkennen sind die Hydraulikanschlüsse an Front und Heck. Diese sind entsprechend der zugehörigen Hebewerkzeuge farblich gekennzeichnet. Die Zweiwegeausrüstung stammt vom Hersteller Zweiweg aus Leichlingen. (22)

Auf der Insel Rügen in der Ostsee verkehrt eine Schmalspurbahn unter dem Namen „Der rasende Roland“. Im Sommer 1993 war auf einem Flachwagen der Inselbahn dieser U1650 der Baureihe 427 verladen. Das zum Bayer-Werk in Leverkusen gehörende Fahrzeug wurde zur Unkrautbekämpfung am Gleisbett eingesetzt. Hierzu verfügt es über einen Chemikalientank und entsprechende Ausbringvorrichtungen. Die Zweiwegeausrüstung stammt von der Firma Zweiweg aus Leichlingen. Ein interessantes Detail ist die Reserveradhalterung am Fahrzeugheck. (44)

Dieser U1300L der Baureihe 435 gehört zum Fuhrpark der Bezirksstelle für Naturschutz und Landschaftspflege in Karlsruhe. Das Fahrzeug besitzt den langen Radstand (3700 mm), die Bordwände wurden durch Holzbretter erhöht. Für ein etwas freundlicheres Aussehen sorgen diverse Schmetterlingsaufkleber. (52)

Die Baureihe 425

1974 begann mit der Baureihe 425 die Ära der schweren Baureihen. Diese Baureihe blieb bis 1988 in Produktion, in dieser Zeit entstanden 3135 Fahrzeuge in drei verschiedenen Baumustern.
Ab 1976 erschien parallel hierzu die Baureihe 435, diese wurde bis 1993 produziert. Insgesamt entstanden 30726 Fahrzeuge, die sich in acht Baumuster aufteilen.
Im Lizenzbau wurde ab 1987 die Baureihe 436 in der Türkei gefertigt. Sie basiert auf der Baureihe 435 bzw. 437. Zum Zeitpunkt der Drucklegung war diese Baureihe noch in der Produktion, bisher entstanden über 6050 Fahrzeuge, die sich auf bislang fünf Baumuster verteilen.
Ebenfalls noch in Produktion ist die Baureihe 437. Sie löste ab 1988 schrittweise die Baureihen 425 und 435 ab. Ständig auf den Stand der Technik gebracht, entstanden bislang, in 26 Baumuster angegliedert, fast 9.800 Fahrzeuge.

Die Verkaufsbezeichnungen lauten:

Baureihe 425:	
U1300	(BM 425.121)
U1500	(BM 425.141)
U1500T	(BM 425.131)
Baureihe 435:	
U1300L	(BM 435.115, 435.117)
U1700	(BM 435.110)
U1700L	(BM 435.111, 435.113)
Teilesatz für Thyssen TM170	(BM 435.160, 435.170)
Teilesatz für Thyssen TM215	(BM 435.161)
Baureihe 436:	
U1300L	(BM 436.320, 436.321, 436.325, 436.326)
U1700L	(BM 436.341)
Baureihe 437:	
U1350L	(BM 437.110)
U1550L	(BM 437.111, 437.116, 437.120, 437.123, 437.125, 437.141)
U1700	(BM 437.100, 437.102)
U1700T	(BM 437.000, 437.002)
U1750	(BM 437.112, 437.114, 437.130, 437.132)
U1750L	(BM 437.113, 437.115, 437.131, 437.133)
U1800	(BM 437.102)
U1800T	(BM 437.002)
U1850	(BM 437.114)
U1850L	(BM 437.115, 437.133)
U2100	(BM 437.105)
U2100T	(BM 437.002)
U2150	(BM 437.117, 437.135)
U2150L	(BM 437.118, 437.136)
U2400	(BM 437.105)
U2400TG	(BM 437.182)
U2450	(BM 437.117, 437.135)
U2450L	(BM 437.118, 437.136)
U2450L 6x6	(BM 437.156)

Zu einer Firma für den Wegebau gehört dieser U1700 (Baureihe 437). Heckseitig ist ein Pöma-Heckplaniergerät eingehängt. Zum Kompensieren des Gewichtes sind an der vorderen Anbauplatte mehrere Ballastplatten befestigt. (53)

Holzhackschnitzel werden sowohl zur Herstellung von Platten als auch als Heizmittel verwendet. Neben ortsfesten Anlagen werden auch mobile Trommelhacker zur Gewinnung eingesetzt.
Auf dem abgebildeten U2400TG der Baureihe 437 wurde von der Firma Bruks aus Schweden ein Trommelhacker vom Typ 802 CT aufgebaut. Mittels Ladekran wird der Rohstoff auf den Einzugstisch gelegt, von wo ihn Einzugswalzen zum Trommelhackwerk führen. Der Auswurf der fertigen Hackschnitzel erfolgt entweder zur Seite, oder in den 11 m^3 fassenden Behälter auf dem Fahrzeug. Eingesetzt wird das Fahrzeug von der Firma Fallert in Kappelrodeck-Waldum im Schwarzwald. (39)

Oben: Über den Unimog als Winterdienstfahrzeug zu schreiben, ist eigentlich fast überflüssig, dieses Einsatzgebiet gehört mit zu den bekanntesten. Das hier gezeigte Fahrzeug stößt aber in neue Leistungsklassen vor. Der Schwerlastgeräteträger U2400TG der Baureihe 437 ermöglicht den Betrieb schwerster Anbaugeräte. Im Gegensatz zu den anderen Baumustern des Unimog-Programms kommt hier als Hinterachse eine zwillingsbereifte Lkw-Außenplanetenachse zum Einbau. Durch den langen Radstand von 4100 mm erreicht die Pritsche Lkw-Format. Die bislang ausgelieferten Fahrzeuge dienen in der Hauptsache als Ganzjahresfahrzeuge bei Straßenmeistereien. Im Sommer werden Mähwerke oder Kehrmaschinen betrieben, während der kalten Jahreszeit wird der Winterdienst durchgeführt. Das Foto zeigt einen TG mit Schmidt-Winterdienstausrüstung, bestehend aus Seitenschneeschleuder und Feuchtsalzsilostreugerät. (01)

Unten: Auf den Spitznamen „Elefant“ hört dieser U1750 (Baureihe 437). Er gehört zum Fuhrpark der Awista in Düsseldorf. Das Fahrzeug ist im Herbst mit einem selbstentwickelten Laubsaugeraufbau im Einsatz. Durch den eingebauten Exhauster wird das angesaugte Laub zerkleinert, was die Kompostierung beschleunigt. Aber auch bei Reinigungsarbeiten nach dem traditionellen Rosenmontagsumzug während des Karnevals hat sich der Aufbau bewährt. Er ist als Schnellwechselgerät konzipiert, so dass der Unimog jederzeit auch für andere Einsatzzwecke nutzbar bleibt. (50)

Auf dem Flughafen der belgischen Hauptstadt Brüssel (BIAC) ist dieser U1700L der Baureihe 435 im Einsatz. Das Fahrzeug dient als Notfall-„Kontrollturm“, falls der Flughafentower ausfällt. Der Kofferaufbau ist mit allen Systemen ausgestattet, die für eine Koordinierung des Flugverkehrs nötig sind. Darüber hinaus kann es bei Großschadenslagen als mobile Einsatzleitstelle benutzt werden. Mehrere Stromerzeuger, Antennen und Kamerasysteme prägen das Äußere dieses Fahrzeuges. Es ist ständig an einer Ladeerhaltung angeschlossen und in kürzester Zeit einsatzbereit. Abgestellt ist es in einem Hangar in Nähe der Flughafenfeuerwehr, die das Fahrzeug im Einsatzfall besetzt. (24)

Ebenfalls auf dem Brüsseler Flughafen ist dieser U1500 der Baureihe 425 zu Hause. Er dient zur Enteisung des Vorfeldes und der Rollwege. Hierzu verfügt er frontseitig über ein ausklappbares Spritzgestänge. Der Tank und das dazugehörende Aggregat befinden sich auf der Pritsche. Aufgrund der kompakten Abmessungen ist es dem Unimog möglich, auch Einsatzstellen unter den Tragflächen kleinerer abgestellter Flugzeuge zu erreichen. Dies ist mit größeren Fahrzeugen nicht durchführbar. (24)

Am anderen Ende der Welt entstand diese Aufnahme, in Nepal. Ein äußerlich schon etwas mitgenommener Unimog der Baureihe 425 ist hier für Transportzwecke im Einsatz. Gerade auf engen und unbefestigten Pass-Straßen ist der Unimog ein zuverlässiger Helfer, der mit einem Minimum an Wartung und Pflege auskommt. (22)

Oben: Auch die Post und Fernmeldedienste auf der ganzen Welt vertrauen dem Unimog. Zwei komplett unterschiedliche Fahrzeuge zeigen die Fotos dieser Seite. Auf dem oberen ist ein U1300L der Baureihe 435 zu sehen. Er gehört zum Fernmeldenotdienst der Deutschen Bundespost, nunmehr der Telekom. Neben dem Materialtransport dient er zum Ziehen diverser Sonderanhänger wie beispielsweise Notstromaggregate. Unter der Frontabdeckung befindet sich eine Seilwinde. Ungewöhnlich ist der Anbau eines Seitenunterfahrschutzes. Dieser ist beim Unimog nicht vorgeschrieben und schränkt die Geländegängigkeit ein. Das alte BP-Kennzeichen mit der Nummerngruppe 76 weist auf einen Lkw mit mehr als zwei Tonnen Nutzlast hin. (25)

Unten: Einem ganz anderen Zweck dient der „Super Bird“ aus Japan. Auf der Basis eines U1750L der Baureihe 437 entstand dieses Empfänger- und Übermittlungsfahrzeug für das Satellitenfernsehen. Das 1990 gebaute Fahrzeug wird in Tokio von der Space Communication Co. betrieben. Das auffälligste Merkmal an diesem Unimog ist die riesige „Empfangsschüssel“ über der Hinterachse. (06)

Oben: Anhängerumsetz- und Rangierarbeiten gehören seit jeher zum Arbeitsalltag des Unimog. Mit der Einführung von Containern und Wechselbrücken sowie der Ro-Ro-Schifffahrt kamen neue Aufgaben hinzu.
Dieser U2100T (Baureihe 437) ist beim Logistikdienstleister TechnoCargo in Hilden im Einsatz. Mit ihm werden auf dem Betriebsgelände Wechselbrücken umgesetzt. Der Aufbau stammt von der Firma ADS aus Stolberg. Der Typ CUF/10 arbeitet mit vier Hydraulikzylindern, die den Hubtisch anheben; die Ent- und Verriegelung der aufgenommenen Behälter erfolgt vom Fahrersitz aus. Baugleiche Fahrzeuge werden auch von der Deutschen Post in ihren Verteilerzentren eingesetzt. (51)

Unten: Auf einen Unimog-Triebkopf vom Typ U1500T der Baureihe 425 baute die Firma Lesa den Satteltruck LUS 20 auf. Die angetriebene, zwillingsbereifte Lkw-Hinterachse erlaubt eine Sattellast bis zu 18 Tonnen. Der Sattelteller ist hydraulisch höhenverstellbar, die Aufliegerstützfüße müssen nicht eingezogen werden. Die Sattelkupplungsverriegelung erfolgt pneumatisch. Auf dem Foto ist gerade ein Glas-Innenlader-Auflieger einer Spedition aufgesattelt. (01)

Polizeibehörden auf der ganzen Welt verwenden den Unimog. Der Vielfalt an Aufbauten und Einsatzmöglichkeiten sind hierbei keine Grenzen gesetzt. Das Foto zeigt einen Triebkopf der Baureihe 425 mit Ruthmann-Schräghubwagenaufbau der Polizei in Abu Dhabi. Fahrzeuge dieser Bauart werden zum Transport von Schadfahrzeugen eingesetzt. Zum Aufziehen auf die abgesenkte Pritsche wird eine hinter dem Fahrerhaus eingebaute Seilwinde benützt. (22)

Als Nachfolger des auf Seite 66 vorgestellten Fahrzeuges beschaffte der Bundesgrenzschutz Anfang der neunziger Jahre fünf SLF 1200/500. Als Basisfahrzeug diente der U1300L der Baureihe 435. Der Aufbau entstand in einer Coproduktion von Ziegler und Minimax. Es werden 500 kg Löschpulver und 1200 l Wasser-Schaummittelgemisch mitgeführt. Eine große Zahl ähnlicher Fahrzeuge findet man auf Regionalflughäfen in Deutschland. (39)

Einen der ersten Prototypen der schweren Baureihe als Militärfahrzeug zeigt dieses Foto: Im Vergleich zu den späteren Serienversionen fällt vor allem die rundlichere Stoßstange auf. Auch entsprechen Kühlergrill, Spiegel- und Blinkeranordnung sowie die Radnabenabdeckungen noch nicht dem endgültigen Stand. Auffällig auch das abweichende Profil des Reservereifens sowie die kleinen Abschleppösen am vorderen Rahmenende. (01)

Dieser U1350L der Baureihe 437 gehört der Armee in Singapur. Ungewöhnlich ist die Verwendung von Trilexfelgen und Rundscheinwerfern. Das Foto zeigt den Unimog beim Überwinden eines Grabens. (01)

Seit 1976 beschaffte die Bundeswehr über 20000 Fahrzeuge des Typs U1300L (Baureihe 435). Diese sind bei allen drei Teilstreitkräften eingesetzt. Den Großteil stellen Fahrzeuge mit Pritschenaufbauten. Daneben gibt es Feuerlöschfahrzeuge und Krankenkraftwagen. Von seinen Brüdern in Oliv oder in Flecktarnanstrich unterscheidet sich das abgebildete Fahrzeug deutlich. Es ist in Gelb/Schwarz lackiert und dient bei der Schießbahnaufsicht auf dem Truppenübungsplatz Shilo in Kanada. Weitere Unterschiede sind die Schutzgitter vor den Scheinwerfern und dem Kühlergrill, sowie zwei rote Rundumkennleuchten auf der Tarnnetzablage. (Sammlung 33)

Die Türkei fertigt in Lizenz mehrere Unimog-Typen. Diese sind in der Baureihe 436 zusammengefasst. Das abgebildete Fahrzeug basiert auf dem U1300L. Der Hauptunterschied liegt in der Verwendung eines Fahrerhauses mit Klappverdeck, das ansonsten nicht für den Unimog angeboten wird. Auf dem Foto ist das Verdeck zusammengelegt und die Frontscheibe nach vorne umgeklappt und verzurrt, was die Gesamthöhe deutlich verringert. (01)

Bedingt durch seine kurze Bauart ist es dem Unimog möglich, zwei Anhänger zu ziehen und trotzdem innerhalb der gesetzlichen Längenvorschriften zu bleiben. Von dieser Möglichkeit machen insbesondere Schausteller und Baufirmen Gebrauch.
So sind an diesem U2150 der Baureihe 437 einer Fernleitungsbaufirma zwei Kabeltrommeltransportanhänger angekoppelt. Das Foto entstand im August 2000 auf einer Baustelle in Schönaich. (48)

Aufgrund seiner Konzeption als Lkw ist der U1300L der Baureihe 435 relativ selten als Baufahrzeug mit Anbaugeräten zu sehen. Er bietet allerdings den Vorteil einer längeren Pritsche. Bei Belagarbeiten wurde dieses Fahrzeug einer belgischen Baufirma aufgenommen. Es ist mit Vorbaukehrmaschine, Kompressoraggregat, Bitumentank und Spritzbalken ausgerüstet. Ein nützliches Detail ist die Aufstiegsleiter an der linken abgeklappten Bordwand. (21)

Oben: In den Erdölfördergebieten des Nahen Ostens ist eine Vielzahl von Unimog im Einsatz. Neben Bohrgeräten sind es vor allem Service- und Wartungsfahrzeuge wie mobile Werkstätten oder Abschmierfahrzeuge, die hier zum Einsatz kommen.
In Abu Dhabi wurde dieser U1300L der Baureihe 435 fotografiert. Er gehört zum Fuhrpark der SITAF-Servicegesellschaft aus Saudi-Arabien. Da er noch die typische Lackierung des Aramco-Ölkonzerns trägt (rotes Fahrerhaus mit weißem Dach), dürfte er früher zu diesem Unternehmen gehört haben. Frontseitig ist eine Seilwinde montiert. Deutlich ist zu erkennen, dass die Sandbereifung schon sehr abgenutzt ist. (22)

Unten: Farblich fast gleich ist dieser U1300L (Baureihe 435), der in den Vereinigten Arabischen Emiraten (VAR) im Gebrauch ist. Auf einer Flachbettpritsche ist zum Zeitpunkt der Aufnahme ein Tankbehälter mit Schlauchhaspeln montiert. Auch dieses Fahrzeug ist mit einer Klimaanlage und Frontseilwinde ausgerüstet. Zusätzlich sind noch Arbeitsscheinwerfer für Anbaugeräte montiert. (22)

Oben: Sehr selten ist die Verwendung eines Unimog als Absetzkipper. Die gegenüber einem Lkw kleinere Ladefläche und der, bedingt durch den Allradantrieb, größeren Aufnahmehöhe lassen den Unimog als Trägerfahrzeug nur dann sinnvoll erscheinen, wenn Behälter unter ungünstigen Bodenverhältnissen umgesetzt werden müssen. Das abgebildete Fahrzeug basiert auf der Baureihe 435. (38)

Unten: Um den Bodenzustand und den Bodenaufbau zu analysieren, ist dieser U1700 (Baureihe 435) in Holland bei der Firma Grontmij im Einsatz. Am Einsatzort wird das Fahrzeug von vier Hydraulikzylindern angehoben. Der kaminförmige Dachaufsatz bildet den Arbeitsraum für eine hydraulische Presse. Mit deren Hilfe werden Mess-Rammsonden in das zu untersuchende Gelände gedrückt. Auf dem Foto ist diese Einrichtung hinter dem Auspufftopf zu erkennen. Die übermittelten Messwerte werden dann im Aufbau mittels Computer aufgezeichnet und ausgewertet. (01)

Oben: Analog zu den leichteren Baureihen ist auch die schwere Unimog-Baureihe ein beliebtes Fahrzeug für Ladekranaufbauten. Alle bekannten Hersteller bieten eine reichhaltige Auswahl an Kranmodellen, die mittig oder heckseitig aufgebaut werden können. Neben überschweren Kranfahrzeugen gibt es Schnellwechselgeräte mit eigenem Grundrahmen. Wie in allen Einsatzbereichen wird das Fahrzeug entsprechend dem Kundenwunsch und seinem Arbeitseinsatz konzipiert.
Das obere Bild zeigt einen U2100 (Baureihe 437) eines Fuhrunternehmens aus Schönau am Königssee. Der Palfinger-Ladekran vom Typ PK 14000L ist heckseitig aufgebaut und verfügt über eine Vierfachabstützung. Dieser Kran hat ein maximales Hubmoment von 14,2 mt bei 5,60 m Ausladung. (24)

Unten: Mit dem noch leistungsfähigeren PK 20000 ist dieser U1850 der GEA (Gesellschaft für elektrische Anlagen AG) ausgerüstet. Dieser verfügt über ein maximales Hubmoment von 19,4 mt bei 4,90 m Ausladung. Zusätzlich ist das Fahrzeug mit einer Werner-Seitenhubseilwinde mit Seilzug nach hinten und einer Bergstütze ausgestattet. Die Frontansicht dieses Fahrzeuges befindet sich auf Seite 2. Die GEA ist im Übrigen stolzer Besitzer einer umfangreichen Unimog-Flotte. (24)

Ebenfalls einen beachtlichen Unimog-Fuhrpark unterhält die Starkstrom-Anlagen-Gesellschaft mbh (SAG). Auf einer Baustelle in Oberbayern konnte dieser U2150 der Baureihe 437 fotografiert werden. Er ist mit einem Atlas-Ladekran vom Typ 130.1 ausgerüstet; ferner verfügt das Fahrzeug über eine Frontseilwinde. Zum Zeitpunkt der Aufnahme wurde der Bautrupp gerade verlegt, daher ist ein Aufenthaltsanhänger angekoppelt. (24)

Da Brunnen und Pegel mit der Zeit verschmutzen, ist es notwendig, diese für Messungen und Beprobungen regelmäßig zu reinigen. Die Firma Nordmayer bietet hierfür das Pegelintensivierungs- und Regenerationsgerät PIG 1/2,8-200 an. Eine Schlauchtrommel mit 210 Meter Schlauch bzw. ein Spülgestänge erlaubt das Reinigen mit Luft, Wasserhochdruck, Düsen/Bürstenreinigung oder mit dem Lufthebeverfahren. Auf der Pritsche ist ein 2000 Liter Wasser fassender Tank sowie ein Kompressor aufgebaut. Mittels des Hiab-045-Ladekrans und einer Seilwinde wird das PIG positioniert. Als Basisfahrzeug dient ein U1850L aus der Baureihe 437, und wie es sich für ein „PIG" gehört, ist es in Rosa lackiert. (52)

Dieser U2400 der Baureihe 437 wurde bei Bauarbeiten in Stuttgart fotografiert. Er ist mit einem Schaeff-AL-20-Aufbaulader versehen. Dieser erreicht eine Ausladung von 9,50 Meter und eine Hakenhöhe von 11,30 Meter. Das Gerät ist als Schnellwechsler konzipiert und relativ einfach ab- und aufgebaut. Für die wechselnden Einsätze stehen verschiedene Löffel und Werkzeuge zur Auswahl. (54)

Dieser U2150 (Baureihe 437) ist mit einer Barth-Aufbaugrabenfräse vom Typ K150-80 ausgerüstet. Diese ermöglicht Grabtiefen bis 2200 mm. Das Foto zeigt das gleichzeitige Ausheben des Grabens und das Verlegen von Kabel. Eine Kabeltrommel wird an der Frontanbauplatte des Fahrzeuges mitgeführt. Im Hintergrund ist ein Unimog der Baureihe 416 mit Kabeltrommeltransportanhänger zu erkennen. Neben Kabel können auch Drainageleitungen verlegt werden. (01)

Beliebt sind die schweren Unimog-Baureihen auch als Bohrgeräteträger. Ob seismische Untersuchungen durchgeführt werden oder nach Wasser beziehungsweise nach Rohstoffen gebohrt wird, stets ist der Unimog das ideale Basisfahrzeug. Die Fotos dieser Seite entstanden in der Liwa-Oase in den Vereinigten Arabischen Emiraten (VAR). Als Basisfahrzeug dient ein U2150L der Baureihe 437 mit AGBO-G200-Bohrgerät. Da viele Einsatzgebiete in wüstenähnlichem Gelände liegen, ist der Unimog mit Sandreifen bestückt. (22)

Auf einer Baustelle in den Schweizer Alpen wurde dieses Foto aufgenommen. Es zeigt einen Unimog der Baureihe 437 mit einem AGBO-Bohrgerät. Je nach Typ sind Bohrtiefen bis zu 200 Meter erreichbar. Das Foto zeigt sehr gut, dass die kompakten Fahrzeugabmessungen auf engen Baustellen ein großer Vorteil sind. (01)

Zur Baufirma Geosyd in Haderslev in Dänemark gehört dieser U1300L aus der Baureihe 435. Das Fahrzeug besitzt den langen Radstand von 3700 mm. Somit ist neben dem Bohrgerät noch Platz für Gerätekästen und das Reserverad. (36)

Zur Baureihe 435 gehört dieses Bohrgerät auf U1700, das im November 1999 vor der DaimlerChrysler-Hauptverwaltung in Stuttgart fotografiert wurde. Ein ausgemusterter Anhänger der US-Armee dient zum Transport der Bohrgestängeverlängerungen und anderem Material. Der Chromstreifen am Kühlergrill wurde nachträglich aufgebracht, obwohl bei den Mercedes-Benz-Lkw bis 1980 üblich, trug der Unimog diesen Zierrat nicht serienmäßig. (43)

len, ohne dass ein weiteres Fah

Dieser frei schwebende Unimog der Baureihe 435 wurde während eines Einsatzes vor einem Kabelpflug fotografiert. Die eingebaute Rotzler-Seilwinde vom Typ HZ 400 ermöglicht hierbei Zugleistungen bis zu 40 Tonnen. Die großformatige Bergstütze bringt diese Kraft auf den Boden und verhindert ein Wegrutschen des Fahrzeuges. Dabei kann der Unimog schon mal etwas „abheben", was aber seine Arbeitsleistung nicht schmälert. (10)

Bereits auf dem Titelbild ist eines dieser Gespanne im Einsatz zu sehen. Die Deutsche Gesellschaft zur Rettung Schiffbrüchiger setzt derzeit vier dieser Einheiten bei Rettungsstationen in Mecklenburg-Vorpommern ein. Die U2150L (Baureihe 437) dienen hierbei dem Mannschaftstransport und als Zugfahrzeug für die sogenannten Boddenboote (Bodden sind die Wasserarme in der Mecklenburger Bucht). Bei einem Einsatz wird der Bootstrailer rückwärts in die See geschoben, bis das 7-m-Seenotrettungsboot aufschwimmt und die Einsatzstelle mit eigener Kraft anläuft. Eine Reifendruckregelanlage ermöglicht das Befahren jeden Untergrundes, die Wattiefe des Unimog beträgt 1,20 Meter, was bedeutet, dass der Unimog bis zur Frontscheibe im Salzwasser steht. Dass trotzdem alles funktioniert, ist bei einem Unimog selbstverständlich. (09)

Dieser U1550L der Baureihe 437 ist bei der Johanniter-Unfall-Hilfe in Donauwörth im Einsatz. Konzipiert ist das Fahrzeug als Begleiteinheit für Auslandseinsätze. Hierfür wird eine umfangreiche technische Beladung mitgeführt, darunter ein 9-kVA-Stromerzeuger und ein Lichtmast zur Umfeldbeleuchtung. Das Fahrzeug entstand in Eigenregie aus einem Unimog-Fahrgestell und dem Aufbau eines Mannschaftskraftwagens des Technischen Hilfswerkes. Zur Anpassung musste der Fahrzeugrahmen um 600 mm verlängert werden. Der Aufbau ist abnehmbar, weiterhin verfügt das Fahrzeug über eine zulässige Anhängelast von 18 Tonnen, somit können Anhänger mitgeführt werden. Das Bild entstand im Juni 2000 auf der Interschutz in Augsburg. (32)

Auch die schweren Unimog-Baureihen fanden Abnehmer bei den Feuerwehren auf der ganzen Welt. Die nachfolgenden Bilder zeigen einen kleinen Querschnitt verschiedener Einsatzfahrzeuge weltweit. 1995 beschaffte der Schweizer Kanton Tessin drei baugleiche Trockenlöschfahrzeuge TroLF 1000 mit Total-Löschanlage und Geser-Aufbau. An Löschmittel werden 1000 kg Pulver und 90 kg C02 mitgeführt. Als Basisfahrgestell diente der U1550L der Baureihe 437. Die Fahrzeuge wurden mit dem auf Wunsch erhältlichen 240-PS(177 kW)-Motor ausgerüstet, was an den nach unten verlegten Blinkern leicht erkennbar ist. Das Foto zeigt das Fahrzeug der Feuerwehr in Locarno. (59)

Bei der Feuerwehr in Santa Cruz in Mexiko wurde dieses kombinierte Pulver/Schaumlöschfahrzeug mit Metz/Total-Aufbau fotografiert. Dieses PLF 750/MS 600 führt 750 kg Löschpulver und 600 l vorgemischte Schaum/Wasserlösung mit. Zusätzlich verfügt das Fahrzeug über eine Frontseilwinde mit vier Tonnen Zugkraft. Aufgebaut wurde es auf einem U1300L der Baureihe 435. (01)

Oben: Braunkohletagebaue sind ein weiteres Einsatzgebiet für den Unimog. Die Rheinbraun nahe Köln setzt schon seit Jahrzehnten Unimog im Feuerwehrdienst ein. In den letzten Jahren beschafften auch Firmen in Ostdeutschland verstärkt den Unimog für ihre Werksfeuerwehren. Zwei davon zeigen die Fotos dieser Seite.
Die Werksfeuerwehr der Lausitzer Braunkohlebergwerks AG in Senftenberg bekam 1992 dieses TLF 28/35 auf U2150L (Baureihe 437). Aufgebaut wurde das Fahrzeug von der Firma Ziegler in Giengen. An Löschmittel werden 3500 Liter Wasser und 500 Liter Schaummittel mitgeführt. Die eingebaute Feuerlöschpumpe mit einem Normaldruck/Hochdruckteil hat eine Förderleistung von 2800 Liter Wasser in der Minute. Das Foto zeigt sehr gut, dass der Brandschutz in Tagebaugebieten nur mit geländegängigen Fahrzeugen realisierbar ist, da ein ausgebautes Wegenetz oftmals nicht zur Verfügung steht. (14)

Unten: Dieses TLF 28/50/5 auf U2450L 6x6 (Baureihe 437) wurde ebenfalls von Ziegler aufgebaut. Das Tanklöschfahrzeug führt neben 500 Liter Schaummittel 4800 Liter Wasser mit. Die Pumpe erbringt ebenfalls 2800 Liter in der Minute. Frontseitig ist eine Werner-Seilwinde mit fünf Tonnen Zugleistung montiert. Eingesetzt wird das Fahrzeug im Tagebau Jänschwalde der LAUBAG AG. (14)

Zu den ersten Kunden des Unimog gehörte die Schweizer Armee. Sehr rasch wurden die Leistungen des Unimog in der Schweiz bekannt, und so verwundert es nicht, dass in der Folgezeit in der Schweiz viele Feuerwehrfahrzeuge auf Unimog-Fahrgestellen entstanden.

Die beiden Fotos dieser Seite zeigen zwei Tanklöschfahrzeuge TLF 1400 auf Basis des U1300L der Baureihe 435.

Das obere Fahrzeug gehört zur Feuerwehr in Stans. Das 1984 gebaute Fahrzeug ist mit einem Aufbau der Firma Vogt aus Oberdiesbach versehen. Die Feuerlöschpumpe FP 14/8 stammt vom deutschen Hersteller Ziegler. Auffällig die rot/weiße Warnschraffur an der Fahrzeugfront sowie die Verwendung eines Straßenprofils an der Vorderachse.

Ebenfalls vom Baujahr 1984 ist das TLF der Feuerwehr Butschwil mit einem Aufbau der Firma Brändle in Wil. Ein für Brändle-Fahrzeuge typisches Merkmal sind die gekreuzten Feuerwehräxte aus Messing am Kühlergrill. Auf ihnen ist das Datum der Fahrzeugübergabe vermerkt. Das Foto macht deutlich, dass gerade unter winterlichen Straßenverhältnissen der Unimog ein zuverlässiger Helfer der Feuerwehr ist. (47/01)

Oben: Zur Essex Fire Brigade in Großbritannien gehört dieser U1300L aus der Baureihe 435. Das Fahrzeug ist ein Hilfeleistungslöschfahrzeug (HLF), der Aufbau stammt vom Hersteller John Dennis. Typisch für Feuerwehrfahrzeuge in England ist der aluminiumfarbene Aufbau. Markant auch der einzelne Frontblitzer in der Mitte des Kühlergrills, dem der Mercedes-Stern weichen musste. (01)

Unten: Aufgrund der zunehmenden Umweltverschmutzung ist es extrem wichtig, die vorhandenen Wälder intakt zu halten. Leider gehen durch Leichtsinn und durch Brandstiftung jedes Jahr unzählige Hektar Wald verloren. Länder auf der ganzern Welt setzen den Unimog als Waldbrandlöschfahrzeug ein, da er aufgrund seiner Geländegängigkeit und der kompakten Fahrzeugabmessungen für dieses Einsatzgebiet hervorragend geeignet ist.
Dieser U1700L (Baureihe 435) ist auf der Wache La Uella der Berufsfeuerwehr in Andorra stationiert. Das 1985 von Rosenbauer Española gebaute Fahrzeug führt 3000 Liter Wasser, Äxte, Motorsägen und ein tragbares Ziegler-Pumpenaggregat mit. Frontseitig ist eine Werner-Seilwinde mit sechs Tonnen Zugkraft angebaut. Markant auch der Arbeitsscheinwerfer auf dem linken Kotflügel. (30)

In Frankreich sind derzeit über 1000 Unimog als Waldbrandlöschfahrzeuge vorhanden. Von ausgemusterten Militärfahrzeugen der Baureihe 404, über die Baureihen 416, 435, bis hin zur neuesten Baureihe 437 sind fast alle Typen im Einsatz.
Im Department 33 Gironde wird dieses schwere Waldbrandlöschfahrzeug (CCF) auf U2450L 6x6 (Baureihe 437) eingesetzt. Das 1996 gebaute Fahrzeug wurde mit einem Aufbau der Firma Gicar versehen und führt 7000 Liter Wasser mit. Auch dieser Unimog verfügt über den typischen Rohrkäfig am Fahrerhaus mit integrierten Sprühdüsen zum Selbstschutz. Eine groß dimensionierte Rohrkonstruktion dient als Ersatz für die vordere Stoßstange und gleichzeitig als Aufnahme für die Zehntonnen-Frontseilwinde. (40)

Neben Fahrzeugen zur unmittelbaren Brandbekämpfung werden verschiedene Unimog auch als Logistik- und Bergefahrzeuge eingesetzt.
Im Department 06 Alpes-Maritimes ist dieser U1300L der Baureihe 435 im Einsatz. Das Fahrzeug wurde von der Firma Technamm mit einem Hakenabroller versehen. Im Bild wird gerade ein 3000 Liter fassender Treibstofftank aufgesattelt. Dieser dient zur Treibstoffversorgung der zur Brandbekämpfung eingesetzten Hubschrauber. Daneben ist noch ein Tanklöschaufbau sowie ein offener Tankaufbau vorhanden. Dieser offene Behälter dient den Hubschraubern zum raschen Befüllen der Wasserabwurfbehälter. (01)

Auch in Spanien bewährt sich der Unimog als Waldbrandlöschfahrzeug bestens. Allein die Junta von Kastilien und Leon setzt derzeit über 22 Fahrzeuge der Typen U100L, U1850L und U2150L ein. Das gezeigte Fahrzeug vom Typ U2150L (Baureihe 437) gehört zu einer Lieferung von sechs Fahrzeugen, die 1999 in Dienst gestellt wurden. Ähnlich wie bei französischen Fahrzeugen ist auch hier das Fahrerhaus durch eine Rohrkonstruktion geschützt. Frontseitig verfügt das Fahrzeug über eine Seilwinde, unterhalb der Stoßstange befindet sich ein Sprühbalken. Der Aufbau stammt von der Firma Rosenbauer. Eingesetzt werden die Fahrzeuge an den Standorten Valladolid, Valencia, Zamora, Salamanca und Leon. (08)

Auch das Nachbarland Portugal vertraut auf den Unimog, wenn es um eine effektive Brandbekämpfung geht. Auf einem U1350L der Baureihe 437 baute die italienische Firma Baribbi 1991 dieses Fahrzeug auf. Eingesetzt wird es bei der Feuerwehr in Almada als PSF 01 (Pronto Socorro Florestal). Besonders markant ist die verlängerte Serienkabine mit schmaleren hinteren Türen sowie der tiefgezogene Aufbau für eine günstige Schwerpunktlage. (58)

In Algerien ist dieses Waldbrandlöschfahrzeug auf U1300L der Baureihe 435 im Einsatz. Aufgebaut wurde das Fahrzeug von der Firma Rosenbauer. Als Pumpenaggregat dient eine Tragkraftspritze. Das Foto zeigt sehr gut die Vorteile der Unimog-Bauart mit großen Böschungswinkeln, hoher Bauchfreiheit und kurzen Fahrzeugüberhängen. (01)

Zur Feuerwehr in Kalmar in Schweden gehört dieser U1300L (Baureihe 435). Das 1984 gebaute Fahrzeug führt 1000 Meter Schlauch mit. Daneben ist eine Feuerlöschpumpe mit einer Leistung von 400 Liter Wasser in der Minute montiert, die von einem Wassertank mit 500 Liter Inhalt gespeist wird. Als Frontanbaugerät ist eine elektrisch angetriebene Seilwinde der Firma Laxo montiert, diese verfügt über eine Zugkraft von 500 kg. Die schwarz/weiß segmentierten Felgen ergeben beim Fahren einen Stroboskop-Effekt und erreichen dadurch mehr Aufmerksamkeit bei den anderen Verkehrsteilnehmern. Viele Einsatzfahrzeuge in Skandinavien verfügen über solcherart lackierte Felgen. (37)

Oben: Dieses Betreuungs- und Unterstützungsfahrzeug gehört zur Feuerwehr einer Großstadt in Japan. Als Basisfahrgestell dient ein U2450L aus der Baureihe 437. Sowohl das Fahrerhaus als auch der Aufbau sind mit einer Klimaanlage versehen. Zum Beseitigen von Hindernissen ist als Frontanbaugerät ein Räumschild angebracht. (06)

Unten: 1995 stellte die Feuerwehr der Stadt Tokio in Japan zwei U2150L (Baureihe 437) in Dienst. Die beiden Fahrzeuge erhielten einen Aufbau der Firma Kuiken Hytrans aus Lemmer in den Niederlanden. Die HFS(Hytrans Fire System)-Einheit besteht aus der Wasserfördereinheit, die das Foto zeigt, sowie dem Schlauchverlege- und Aufnahmefahrzeug. Das System eignet sich besonders für Wasserentnahmen an Stellen, wo andere Systeme auf Schwierigkeiten stoßen. Mittels einer hydraulisch angetriebenen Tauchpumpe sind Wasserentnahmen noch in 60 Meter Entfernung (horizontal/vertikal) vom Fahrzeug möglich. Die Tauchpumpe erbringt eine Leistung von 3500 Litern in der Minute bei 10 bar. Durch ein anderes Schaufelrad kann die Leistung bis auf 8000 Liter in der Minute erhöht werden. Zusätzlich wurde das Fahrzeug noch mit einer Seilwinde und einem Palfinger-Ladekran ausgestattet.
Mit dem nicht abgebildeten aber dazugehörenden Schlauchwagen ist diese Einheit in der Lage, in kürzester Zeit eine leistungsfähige Wasserversorgung über eine Strecke von zwei Kilometern aufzubauen. (13)

1993 erhielt das Yokohama City Fire Bureau in Japan den „Super Fighter“. Das Fahrzeug basiert auf einem U2450L der Baureihe 437. Es ist mit einer hitzebeständigen Panzerung versehen, die bis zu 600° Celsius aushält. Siebzehn über das ganze Fahrzeug verteilte Selbstschutzsprühdüsen mit einer Ausbringleistung von 170 Liter in der Minute erlauben das Arbeiten nahe am Brandherd. Es werden 1000 Liter Wasser mitgeführt, der Dachmonitor hat eine Ausbringleistung von 3000 Litern in der Minute. Zum Beseitigen von Hindernissen und dem Anlegen von Schneisen ist das Fahrzeug mit einem hydraulischen Räumschild ausgerüstet. Neben anderer Beladung verfügt es noch über eine eingebaute Werner-Seilwinde. (06)

Dieser 1992 gebaute U2150L (Baureihe 437) dient als Pionierfahrzeug bei der Feuerwehr in Vevey in der Schweiz. Der Aufbau stammt von Morier und enthält eine umfangreiche technische Beladung. So wird ein 30-kVA-Stromerzeuger mitgeführt, der unter anderem die Energie für den Lichtmast abgibt. Frontseitig ist eine Werner-Seilwinde mit fünf Tonnen Zugleistung montiert. Am Fahrzeugheck befindet sich ein hydraulischer Ladekran vom Typ Tirre Euro 131 mit einem maximalen Hubmoment von 13,5 mt.
Typisch für Schweizer Feuerwehrfahrzeuge ist die zusätzliche Ausstattung mit einem Gelblicht. Dieses war früher zur Absicherung von Einsatzstellen auf Autobahnen vorgeschrieben. (43)

Besonders bei Werksfeuerwehren im In- und Ausland werden sehr gerne Unimog-Triebköpfe mit Ruthmann-Niederflurhubwagenaufbau eingesetzt. Diese ermöglichen sowohl ein Anheben des Aufbaus als auch das Absetzen auf Bodenniveau. Eine Vielzahl an unterschiedlichen Behältern erlaubt den universellen Einsatz.
Das Foto zeigt einen U2100T aus der Baureihe 437. Dieser wird bei der Betriebsfeuerwehr Cern im schweizerischen Meyrin eingesetzt. Zum Zeitpunkt der Aufnahme ist ein Behälter mit Pioniergerät, Belüftungsgeräten und Chemiewehrmaterial aufgenommen. Ein interessantes Detail ist die internationale Zulassung, da sich die Forschungsanlagen der CERN unterirdisch bis nach Frankreich erstrecken. (43)

Zur Feuerwehr im französischen Brest gehört dieser U2150L aus der Baureihe 437. Das Fahrzeug ist mit einem Wechselladesystem der Firma UIMA ausgerüstet. Zum Zeitpunkt der Aufnahme war ein Abrollbehälter mit Pritsche und hydraulischem Fassi-F70-Ladekran aufgesattelt. Dieser Behälter dient zum Transport von Nachschubgütern. Frontseitig besitzt das Fahrzeug eine Seilwinde. Typisch für französische Unimog-Feuerwehrfahrzeuge ist der Fahrerhausschutzrahmen, der hier auch den Luftansaugstutzen umschließt. Ein interessantes Detail ist der seitliche Unterfahrschutz, der gleichzeitig als Aufstiegshilfe zum Behälter dient. (32)

Dieser U1550L (Baureihe 437) dient dem Extremradsportler Hubert Schwarz bei seiner 25000 Kilometer langen und durch 21 Länder auf vier Kontinenten führenden Tour als Logistik- und Unterstützungsfahrzeug. Den Aufbau fertigte die Firma Hartmann aus Alsfeld. Da die Deutsche Post AG der Hauptsponsor dieser Reise ist, wurde der Unimog in Postgelb lackiert und mit den entsprechenden Signets versehen. (24)

Oben: Globetrotter, Fernreisende, Tierfilmer und Expeditionen greifen vorzugsweise auf den Unimog zurück, wenn es um die Auswahl eines motorisierten Reisegefährten geht. Vom ausgemusterten Militärfahrzeug, das in Eigenregie reisetauglich gemacht wird, bis zum luxuriösen Wohnmobil mit allen Extras reicht hier die Palette. Allen gemeinsam sind die absolute Zuverlässigkeit, die leichten Wartungs- und Reparaturmöglichkeiten, und die überragende Geländegängigkeit – eben alles Unimog-Tugenden.
Dieser U2450 der Baureihe 437 gehört Willy Fischer aus Pressig. Die Motorleistung von 280 PS macht das Fahrzeug bis zu 115 km/h schnell. Es werden 300 Liter Wasser und 600 Liter Diesel mitgeführt. Gut zu erkennen sind der abnehmbare Fahrerhausschutzkäfig, die Frontseilwinde (Fabrikat Warn) sowie die Sandblechlagerung auf der Motorhaube. (57)

Unten: Die Firma Action-Mobil aus Saalfelden in Österreich baute dieses Wohnmobil auf einem 240 PS starken U1550L der Baureihe 437 auf. Ein besonderer Blickfang ist die kunstvolle Lackierung. Neben Weltkarten ziert auch ein Bär das Fahrzeug, das auf den Namen L'Ours noir (der schwarze Bär) getauft wurde. (12)

Oben: Dieses Foto zeigt ein Wohnmobil auf einem U1300L der Baureihe 435. Das Fahrzeug besitzt den langen Radstand von 3700 mm, und wurde von der Firma Geo-Service aus Hambrücken aufgebaut. Die Dachfläche der Doppelkabine bietet genug Platz für einen Dachgepäckträger. Seitlich am Aufbau sind Sandlochbleche gelagert, für Selbstbergungszwecke verfügt das Fahrzeug über eine Frontseilwinde. Gut zu erkennen auch die zusätzlichen Tanks für Wasser und Kraftstoff, die dem Fahrzeug eine große Reichweite ermöglichen. (11)

Zur nächsten Seite:
Dieser auf dünnem Pergament gedruckte Prospekt gehört zu den ersten Werbemitteln von Daimler-Benz für den Unimog.

Unten: Ein sehr gelungenes Beispiel für einen Umbau aus ehemaligen Militärfahrzeugen zeigt dieses Bild. Ein U1300L aus der Baureihe 435, der früher bei der Bundeswehr eingesetzt war, wurde mit einem Kofferaufbau kombiniert. Diese Kofferaufbauten wurden in verschiedenen Versionen von den Armeen des Warschauer Paktes verwendet. Das mit dem Namen „Rumtreiber" beschriftete Fahrzeug verfügt ebenfalls über eine Frontseilwinde. (36)

UNIMOG
UNIMOG
UNIVERSAL-MOTORGERÄT
Vielseitig auf Acker und Hof,
robust bei der Arbeit im Wald,
auf der Straße lebendig u. stark
DAIMLER-BENZ AKTIENGESELLSCHAFT
WERK GAGGENAU
ABTEILUNG UNIMOG